한국의 연안어류

황철희 · 남윤주 · 김진구 · 명정구 공저

황철희
부경대학교 수산생물학과 박사수료
현재 해양생태기술연구소 책임연구원

남윤주
부경대학교 해양생물학과 석사수료
현재 해양생태기술연구소 선임연구원

김진구
부경대학교 해양생물학과 이학박사
현재 부경대학교 자원생물학과 교수

명정구
부산수산대학교 자원생물학과 이학박사
현재 한국해양과학기술원 책임연구원

머리말

어린 시절, 미술시간에 그려진 물고기의 모습은 하나같이 수학 기호인 무한대 표식 '$\propto$' 을 닮아 있었고, 약속이나 한 듯 똑같은 방향으로 헤엄치고 있었습니다. 그도 그럴 것이 어린 시절에 보아오던 물고기라고는 아버지께서 아끼셨던 조그만 수족관의 금붕어가 전부였고 그 외에 볼 수 있는 것이라고는 머리와 꼬리가 잘려나간 갈치구이, 고등어조림 그리고 겨울철 단팥의 달콤함을 알려주던 붕어빵에 대한 인상이 강했기 때문은 아닐까요? 시간이 흐르면서 책이나 대중매체를 통해 다양한 모습의 물고기를 볼 수 있었다지만, 이미 그 때는 물고기 그림을 그리기에는 나이가 들어 버렸고, 평면상의 도화지에 입체적인 물고기 그림을 표현하기에는 미적 감각이 뛰어나지 못했던 것 같습니다. 하지만 지금은 일상의 대부분을 물고기의 그림이나 사진 그리고 관련 도서들로 채우는 삶을 살게 되었고, 물고기가 사는 모습들을 공부하게 되면서 단순하게 그들의 형태를 표현하는 것에만 머무르기 보다는 그들의 생활과 습성을 그림이나 글로서 표현해야 되는 입장이 되었습니다.

오늘날 스쿠버 다이빙, 낚시 그리고 다양한 해양 스포츠를 통해 해양레저가 차지하는 비중이 날로 증가하고 있어 해양에 대한 관심이 높아지고 있습니다. 하지만 이러한 높은 관심 속에서도 물고기의 형태와 그들이 어떻게 살아가는지에 대한 도서는 일반인들이 쉽게 접하기 힘들 정도로 적습니다. 우리나라 바다에서 살아가는 물고기는 약 1,100 여종이 알려져 있습니다. 이 많은 물고기들은 크기와 모양도 다양할 뿐만 아니라 생활하는 환경도 다양해서 우리가 쉽게 만나기 힘들고 이름도 생소한 물고기들이 대부분입니다. 뿐만 아니라, 아직도 물고기의 미끈거리는 피부와 비린내의 어색함 그리고 기이한 형태에 대한 거부감은 우리 생활에서 물고기가 다가오기에 아직 낯선 면이 많다는 것은 아닐까요?

본 도서에서는 우리 주변에서 여유롭게 생활하고 있는 물고기를 어린 아이부터 어른까지 누구나 쉽게 만날 수 있도록 소개하고자 합니다. 또한, 여러분들의 생각 속에 자리 잡은 물고기에 대한 인상을 정확하게 표현하기 위해 수중 촬영 사진으로 표현하거나, 여의치 않았던 일부 물고기는 특징을 가장 잘 나타낼 수 있도록 육상에서 생생하게 촬영하였기 때문에 여러분들에게 우리 바다의 물고기들이 친구로 다가갈 수 있길 바라는 마음입니다.

끝으로, 사진 촬영에 도움을 주신 김기준 님과 김진수 님을 비롯하여 해양생태기술연구소 연구원분들께 머리 숙여 감사드립니다.

2013.01

저자 일동

일러두기

본 도서에서 설명되는 물고기들은 우리나라 연안 바다에서 쉽게 만날 수 있는 물고기들을 선별하여 직접 수중에서 촬영한 사진 및 어획된 사진 자료들을 바탕으로 하고 있습니다.

물고기의 형태 구분과 명칭은 한국어류검색도감(윤, 2002), 우리바다 어류도감(명 등, 2002) 그리고 한국어류대도감(김 등, 2005)을 따랐으며, 각각의 설명은 도감이나 각종 문헌자료들을 바탕으로 하되 가급적 전문 용어를 배제하면서 쉽게 설명하려고 노력하였습니다.

분류군의 배열순서는 Nelson(1994)의 분류 체계에 따랐으며, 물고기의 분류학적 위치를 쉽게 파악하고 찾을 수 있도록 각 물고기마다 명확한 분류 단위를 기술하였습니다.

주요 참고문헌들은 본 도서의 뒤편에 별도로 정리해 두었으나 간혹 인용 문구나 참고자료 등은 필요 시 본문의 해당 부분에 그 출처(source)를 정확히 밝히는 것으로 대신하였습니다.

본 도서에 사용된 몇몇 귀중한 사진 자료들은 저자들의 요청에 흔쾌히 자료를 제공해 주신 고마우신 분들의 것이기에 해당 사진의 오른쪽 하단에 그 분들의 성함을 밝히는 것으로 귀중한 자료에 대한 저자들의 고마운 마음을 대신하였습니다.

차 례

한국의 연안어류

고래상어

몸집이 가장 큰 고래상어

Order Orectolobiformes 수염상어목
Family Rhincodontidae 고래상어과
Rhincodon typus Smith, 1828 고래상어
영명 : Whale shark

사진 : 김진수 님

특징 : '상어' 의 가장 큰 특징 중 하나인 몸이 방패비늘로 덮여 있기 때문에 마치 모래와 같이 거칠게 느껴져서 '사어(沙魚)' 로 불린다. 또한 아가미의 운동 기능과 부레가 없기 때문에 연속적으로 입을 벌리고 헤엄을 쳐 숨을 쉬고 부력을 유지해야하는데 이러한 특성 때문에 '상어' 의 몸은 움직임에 도움을 주는 연골로 이루어져 있고 큰 덩치에 비해 전체 몸무게가 가벼운 편이다.

형태 : 『고래상어』는 이러한 '상어' 중에서 가장 큰 덩치를 가지고 있으며 몸은 방추형으로 매우 굵고 길며 입은 거의 주둥이 끝에 위치하고 코에는 수염의 흔적이 조금 남아 있다. 양 턱에는 300줄에 달하는 작은

이빨이 촘촘하게 발달되어 있으며, 숨을 쉴 때 물을 들이마시는 기관인 분수공(噴水孔)은 눈 지름과 크기가 비슷하다. 몸 빛깔은 회색 또는 푸른색에 가까우며, 배 부분은 흰색이고 몸 표면에 연한 수직 줄무늬가 일정한 간격으로 나타나는데 그 사이에는 흰색 또는 연한 노란색의 반점들이 배열되어 있다. 몸길이는 태어날 때 45cm 정도이며 최대 18m까지 성장한다.

생태 및 분포 : 우리나라 전 해역에서 출현하는 물고기로 보통 수온 21~25℃인 먼 바다에서 단독 또는 여러 마리씩 무리를 지어 생활하는데 가끔 연안에도 나타난다. 먹이로는 주로 갑각류나 오징어 등 작은 물고기를 물과 함께 들이마셨다가 여과해서 먹으며, 거대한 몸집과는 달리 성질이 아주 온순하다. 현재 지구상에 존재하는 물고기 중에서 가장 큰 것으로 알려져 있다.

별상어

맛이 좋은 상어 별상어

Order Carcharhiniformes 흉상어목
Family Triakidae 까치상어과
Mustelus manazo Bleeker, 1855 별상어
영명 : Star-spotted smooth hound, hound shark

특징 : 물고기 이름에 '상어' 라는 이름이 들어가면 바다의 포식자가 되고 공포의 대상이 되기 쉽다. 이러한 '상어' 들은 이빨이 날카롭고 움직임이 빠른데 2000년 시드니 올림픽 수영 부문 우승자였던 이언 소프(Ian James Thorpe)는 빠른 속도로 물살을 헤치는 상어에서 아이디어를 얻어 전신 수영복의 재질과 디자인을 구성하였다. '상어' 의 피부는 까칠한 돌기로 이루어져 있어서 와류현상을 막아주고 마찰을 줄여주기 때문에 물속에서의 이동 속도를 높여 줄 수 있다.

『별상어』를 비롯하여 '개상어' , '두툽상어' 는 우리나라 연안이나 어시장, 횟집에서 쉽게 찾아 볼 수 있는 물고기다. 그 중에서 『별상어』는 다른 상어들에 비해 고소하고 씹히는 맛이 좋아 인기가 많으며, 남해안 지역에서는 맛이 좋아 '상어' 중에 으뜸이라는 점을 강조하기 위해 '참상어' 라고 부르기도 한다. 정약전의 저서 《자산어보(玆山魚譜)》에서는 게를 잡아먹기를 좋아하기 때문에 '게상어' 라고 불렀다는 기록이 있다.

형태 : 몸은 가늘고 긴 원통형으로 머리는 폭이 넓고 위아래로 납작하면서 주둥이가 뾰족하게 뻗어 있다. 눈은 가늘고 길게 찢어져 있으며 눈꺼풀이 있어서 눈을 보호하는 역할을 한다. 형태적으로 '개상어' 와 매우 닮았으나 윗입술 주름이 발달해 있고 몸 빛깔은 청회색 바탕에 흰색 반점이 줄지어져 있다. 몸길이는 태어날 때 30cm 정도이며 약 1m까지 자라는 소형 상어다.

생태 및 분포 : 우리나라 해역의 수심 300m 이상에서 주로 생활하고 먹이로는 새우나 게와 같은 갑각류 또는 작은 물고기를 좋아한다. 알을 낳지 않고 새끼를 낳는 난태생어로 6~8월 사이에 암수가 만나 짝짓기가 이루어지면, 암컷은 10개월 정도의 임신기간을 거쳐서 이듬해 봄에 약 1~22마리의 새끼를 낳는다.

붕장어

힘을 위한 보양식 붕장어

Order Anguilliformes 뱀장어목
Family Congridae 붕장어과
Conger myriaster (Brevoort, 1856) 붕장어
영명 : Common conger, white-spotted conger

특징 : 『붕장어』는 '아나고(アナゴ)' 라는 말로 널리 알려져 있지만 이는 우리말이 아니라 일본어를 그대로 발음한 것으로 대부분의 사람들이 별 다른 생각 없이 그대로 쓰고 있다. 낮 동안에는 모래 속에 숨어 있다가 밤이 되면 사냥에 나서는 야행성으로 새우나 게를 비롯해 다른 물고기들도 닥치는 대로 먹어치우는 대식가다.

횟감으로 인기가 있을 뿐만 아니라 구이나 탕 재료로도 널리 사용되는 우리의 소중한 먹을거리로 『붕장어』를 먹기 위해서는 물로 피를 깨끗이 씻어야 하는데 이는 『붕장어』의 피 속에는 이크티오톡신(ichthyotoxin)이라는 약한 독성(毒性)이 있기 때문이다. 이 독성은 구역질과 염증을 유발하지만 깨끗이 세척하거나 익혀 먹으면 전혀 문제가 없다. 정약전의 《자산어보(玆山魚譜)》에는 눈이 크고 배 안이 묵색(墨色)으로 맛이 좋다고 기록이 남아 있다.

형태 : 몸은 길고 원통형이지만 꼬리 부분은 매우 가늘게 뻗어 있다. 전체적으로 '뱀장어' 와 매우 닮았지만 『붕장어』의 몸통에는 옆줄을 따라 흰 점이 뚜렷하게 나타나며, 눈이 매우 큰 편이다. 그리고 '뱀장어' 가

민물과 바다를 왕래하며 살아가는 반면에 『붕장어』는 바다 연안에서 일생을 보낸다. 몸 빛깔은 짙은 갈색이며 배 부분은 흰색을 보인다. 몸 길이는 약 1m 정도다.

생태 및 분포 : 우리나라 전 연안의 해초가 많은 모래 혹은 개펄 지역에서 주로 생활하고 먹이로는 작은 어류와 새우류, 조개류 및 갯지렁이류를 먹는다. 뱀장어와 비슷한 대나무 잎 형태의 유생시기를 지내며 4~5월에 산란(産卵)을 한다.

멸치

칼슘의 제왕 멸치

Order Clupeiformes 청어목
Family Engraulidae 멸치과
Engraulis japonicus Temminck and Schlegel, 1846 멸치
영명 : Anchovy

특징 : 잡히면 바로 죽는다고해서 『멸치』라는 이름이 붙었다는 이 물고기는 우리 식생활에서 빼놓을 수 없는 재료 중의 하나로 뼈와 내장을 통째로 먹을 수 있기 때문에 영양도 풍부하며 특히 칼슘의 제왕이라 불린다. 볶음이나 조림, 젓갈, 회 그리고 국물을 우려내기 위한 재료로도 쓰이며, 남해군에서는 죽방염 멸치라고 해서 고대 원시 어업 그대로 어획하여 비늘이 다치지 않게 하여 비싼 가격에 유통되고 있다. 어린 시

절 아버지들은 이도저도 귀찮으셨는지 말린 멸치 그대로 고추장에 찍어 드시기도 했다.

정약전의 《자산어보(玆山魚譜)》에서는 몸이 매우 작고 빛깔은 청백색이며 다양한 식재료로 쓰이는 이 물고기를 밝은 빛을 좋아하는 성질을 이용하여 밤이 되면 불을 밝혀서 유인하여 잡았다고 한다. 그리고 일부 기록에서는 『멸치』가 찬거리로는 천하다고 여겼다는데 이는 이름자체가 스스로를 멸시한다는 의미를 갖고 있는 데서도 알 수 있다.

형태 : 등은 다소 둥글고 위턱이 아래턱보다 돌출되어 있으며, 등지느러미가 몸 중앙에 위치한다. 몸 빛깔은 등 부분이 진한 파란색, 배 부분이 밝은 은색을 보인다. 몸길이는 최대 15cm까지 성장한다.

생태 및 분포 : 우리나라 전 연안의 표층에서 무리지어 생활하며 주로 플랑크톤을 먹이로 좋아한다. 수명은 1~2년으로 자원량이 풍부한 물고기다.

준치

썩어도 준치

Order Clupeiformes 청어목
Family Clupeidae 청어과
Ilisha elongata (Bennett, 1830) 준치
영명 : Slender shad

특징 : 『준치』는 맛이 뛰어난 물고기로 '썩어도 준치' 라는 말이 있을 정도로 그 맛과 인기가 높았다. 이 속담은 원래 값어치가 있는 것은 낡거나 헐어도 어느 정도는 본래의 값어치를 잃지 않는다는 뜻으로 『준치』가 어떠한 대접을 받았는지 한눈에 알 수 있다. 하지만 이렇게 맛있는 『준치』도 단점이 있었으니 바로 뼈가 많고 억세다는 것이다. 이러한 기록은 정약전의 《자산어보(玆山魚譜)》에도 기록되어 있는데 비늘이 굵고 가시가 많다는 형태적 기록과 더불어 계절에 따른 회유 경로까지 묘사하고 있어 예부터 『준치』가 우리 선조 생활에 큰 영향을 미쳤던 물고기라는 것을 알 수 있다. 우리나라에 회유해 오는 무리는 겨울철에 제주도 서남 해역에서 월동하다가 4~7월에 북쪽으로 이동하여 기수역 바닥에 산란(産卵)하고, 서해안 및 남해안에 흩어져 살다가 가을이 되면 남쪽으로 이동하여 월동한다.

형태 : 몸은 등 부분이 직선에 가까운 반면에 배 부분은 둥글게 곡선을 이룬 반달 형태다. 눈은 크고 아래턱이 위턱보다 앞쪽으로 돌출되어 있으며, 양 턱에 이빨이 없고 등지느러미가 몸 중앙에 위치한다. 몸 빛깔은 등 부분이 짙은 청색을 보이는 반면에 배 부분은 은백색에 가깝다. 몸길이는 평균 약 40cm 정도다.

생태 및 분포 : 우리나라 전 연안 또는 강 하구에서 생활하며 산란기는 4~7월로 강 하구의 사니질 바닥에 산란한다. 먹이는 작은 물고기나 새우류 및 갯지렁이류를 좋아한다.

황어

바다로 내려간 유일한 잉어과 어류 황어

Order Cypriniformes 잉어목
Family Cyprinidae 잉어과
Tribolodon hakonensis (Günther, 1880) 황어
영명 : Sea rundace

특징 : 바다에서 일생을 보내다 하천을 거슬러 올라와 산란(產卵)을 하는 물고기로는 '연어' 와 '송어' 가 유명하지만 『황어』도 산란기가 되면 강으로 돌아온다. 『황어』는 바다로 내려간 유일한 '잉어과' 물고기로 강에서 부화하여 일생의 대부분을 바다에서 보내고 산란을 위해 하천으로 돌아온다. 산란을 위해 강을 오를 때에는 암컷 한 마리에 여러 마리의 수컷이 뒤따르며, 수심 20~50cm 정도의 맑은 물이 흐르는 평평한 자갈 바닥에 모여 산란을 하는데 이 시기에 『황어』를 잡기 위해 사람들이 모여들지만 『황어』의 자원유지를 위해 자제했으면 한다.

형태 : 『황어』는 우리나라 사람들이 오래 전부터 즐겨 먹었던 물고기로 얼핏 보면 '잉어' 를 많이 닮았다. 주둥이 앞 끝은 뾰족하고 입술은 말굽 모양으로 약간 위쪽을 향해 있으며, 몸 빛깔은 전체적으로 황갈색을 보이지만, 산란기가 되면 체측에 화려한 주황색의 줄무늬가 나타난다. 몸길이는 40cm 전후로 성장한다.

생태 및 분포 : 동해와 남해의 연안에서 생활하던 『황어』는 산란기인 3

월경에 하천을 거슬러 올라와 자갈이 많은 장소에 산란한다. 부화한 새끼는 성장하면서 바다로 가서 생활하며 잡식성으로 수서곤충이나 식물 조직이나 씨앗 및 갑각류를 먹는다.

쏠종개

바다 속 메기 쏠종개

Order Siluriformes 메기목
Family Plotosidae 쏠종개과
Plotosus lineatus (Thunberg, 1787) 쏠종개
영명 : Striped sea catfish

특징 : 제주도 연안 바위틈에는 수백 마리의 물고기들이 모여서 이동하거나 휴식을 취하고 있는 무리를 만날 수 있다. 이들은 『쏠종개』라는 물고기로 '메기' 와 같이 턱 밑에 수염이 있어 '바다메기' 라고도 불리며 외국에서는 줄무늬를 가진 바다메기란 뜻으로 'striped sea catfish' 라고 부른다. 『쏠종개』는 스쿠버다이버들과 자주 마주치는데 수십, 수백 마리가 모여 한 쪽을 향해 일제히 방향을 틀고 나아가는 모습은 볼수록 신기하다.

형태 : 머리는 다소 납작하고 몸은 원통형에 가까우며, 주둥이와 아래

턱에 각각 2쌍의 수염이 존재한다. 몸 빛깔은 진한 갈색 바탕에 2개의 노란색 줄무늬가 머리에서 꼬리지느러미까지 이어지고 배는 연한 황백색이며, 등지느러미와 가슴지느러미에는 독가시가 있어 쏘이게 되면 심한 통증을 유발하기 때문에 주의가 필요하다. 몸길이는 최대 30cm다.

생태 및 분포 : 주로 야간에 활동하는 야행성으로 우리나라 제주도 연안의 바위 또는 해조류가 많은 지역에서 무리지어 생활하며, 열대어종으로 일본 남부에서 남태평양, 인도양, 홍해까지 널리 분포한다.

연어

고향을 잊지 못하는 연어

Order Salmoniformes 연어목
Family Salmonidae 연어과
Oncorhynchus keta (Walbaum, 1792) 연어
영명 : Chum salmon, dog salmon

특징 : 바다에서 일생을 보내다 강을 거슬러 올라와 산란을 하는 물고기로 『연어』가 유명하다. 가을철 하천에서 부화된 새끼는 동물성 플랑크톤을 먹으며 생활하다가 다음해 6cm 정도로 자라면 바다로 내려가게 되는데 그 곳에서 3~5년간 생활하다가 성숙한 『연어』가 되면 가을철에 자신이 나고 자란 고향 하천으로 올라와 산란하게 되는데 강 상류의 물이 맑고 바닥이 자갈이나 모래질인 곳에 웅덩이를 파서 그 속에

산란한다. 암컷은 2~3회에 걸쳐 알을 낳으며, 동시에 수컷이 알을 수정시키며 알 낳기를 마친 암컷은 지느러미를 이용해 자갈이나 모래로 알을 덮어 보호하고 산란이 완전히 끝나면 암컷은 모두 자신의 삶을 마감하게 된다. 『연어』는 하천에서 낚시, 그물을 이용해 잡거나, 바다에서 저인망 어업을 통해 잡는데 현재 그 수가 많지 않다. 그래서 하천으로 거슬러 올라오는 『연어』를 잡아 인공적으로 번식시켜 어린 치어들을 하천에 방류하고 있으나 아직까지는 돌아오는 확률이 높지 않다고 한다.

형태 : 입이 크고 양턱의 길이는 비슷하며, 등지느러미는 몸 중앙에 위치하고, 등지느러미 뒤에는 기름지느러미가 붙어 있다. 몸 빛깔은 등 부분이 흑청색이고 배는 은백색을 보이는데 산란기가 되면 수컷의 턱이 심하게 구부러지고 암컷과 수컷 모두 몸 색깔이 변하여 홍자색의 불규칙한 줄무늬가 나타난다. 몸길이는 약 1m까지 자란다.

생태 및 분포 : 우리나라에서는 양양 남대천, 삼척 오십천을 비롯한 하천, 낙동강 그리고 섬진강으로 회유하는 것으로 알려져 있다. 치어는 동물성 플랑크톤을 먹으며 생활하다 2월이 되면 바다로 간다. 성체가 되는 시간은 개체에 따라 다른데 약 2~7년이 걸리며 9~11월이 되면 강으로 올라와 자갈이 많은 장소에 산란한 후 어미는 죽는다.

앨퉁이

중요한 식량자원 앨퉁이

Order Stomiformes 앨퉁이목
Family Sternoptychidae 앨퉁이과
Maurolicus muelleri (Gmelin, 1789) 앨퉁이
영명 : Mueller' s pearlside, Mueller' s bristle-mouth fish

특징 : 비교적 깊은 수심에서 생활하는 『앨퉁이』는 몸의 측면을 따라 존재하는 발광기관 때문에 '라이트피쉬(lightfish)' 라는 이름으로 불리기도 한다. 지금 현재 식용으로 이용하고 있지는 않지만 다른 어떤 물고기보다도 자원량이 많아 미래의 식량자원으로도 관심이 높다. 또한 오징어와 갈치 등 연근해 상업성 물고기의 주요 먹이로 이용되고 있기 때문에 수온약층이 형성되는 심해산란층에서의 『앨퉁이』 자원량은 오징어나 갈치 등의 어장 형성과도 밀접한 관련이 있는 것으로 여겨진다.

형태 : 몸은 소형으로 몸높이는 낮고 배 쪽으로 수많은 발광기관이 나타난다. 발광기관은 원형과 타원형이 있으며 아래턱에서 꼬리자루 끝까지 배 쪽을 따라 길게 위치하고 있다. 등지느러미는 1개로 몸의 중앙에 위치하며 뒤쪽에는 1개의 기름지느러미가 있고, 주둥이는 뾰족한 편으로 심하게 경사져 있으며 아래턱이 위턱보다 앞쪽으로 조금 튀어나와 있다. 몸 빛깔은 등 쪽으로 청록색, 배 쪽은 밝은 은색을 보이고 비늘은 떨어지기 쉬운 둥근 비늘로 이루어져 있다. 몸길이는 7cm 전후다.

생태 및 분포 : 우리나라 동해와 남해안 수심이 깊은 지역에서 주로 생활하며, 먹이로는 주로 플랑크톤이나 작은 갑각류들을 좋아하며, 산란기는 주로 3~9월로 200~500개의 알을 낳는다.

대구

입과 머리가 크다 해서 대구

Order Gadiformes 대구목
Family Gadidae 대구과
Gadus macrocephalus Tilesius, 1810 대구
영명 : Pacific cod

특징 : 『대구』는 입과 머리가 크다 해서 '대구(大口)' 라 이름 붙여진 물고기다. 큰 입만큼이나 큰 먹이를 통째로 삼킬 수 있고 먹성이 아주 뛰어나다. 산란기가 되는 겨울철에 가장 맛이 좋지만 최근에는 어획량이 많이 줄어들어 값이 매우 비싸졌다. 육상의 가축 중에 소를 잡으면 먹지 않는 부위가 없을 정도로 조리 방식이 다양한데 바다의 물고기 중에서『대구』는 요리할 수 있는 방법도 다양하고 버릴 것이 없어서 찜 요리, 튀김, 매운탕 등으로 조리하여 밥상에 오를 뿐만 아니라 알, 아가미, 창자는 젓갈을 만들 때 이용된다. 예부터 한약재와 제사 음식으로 이용되었으며, 비린 맛이 없고 담백한 맛이 뛰어나 임금님 수라상에도 올랐다고 하여 바다의 황소라고 불렸다. '동국여지승람' 에서는『대구』의 본 고장을 남해 가덕만과 진해만 일대로 소개하였으며, 오늘날 남해와 동해의 수온이 낮은 지역뿐만 아니라 서해에서도 소형 대구 개체군이

발견되었다.

형태 : 몸의 앞부분은 크고 원통형이지만 뒤로 갈수록 납작하고 작아지며 생김새가 마치 '명태'와 매우 닮았으나, 『대구』의 덩치가 더 클 뿐 아니라 아래 턱 밑에 수염이 1개 나 있어 구분할 수 있다. 뒷지느러미는 2개로 검은 색이고, 등지느러미는 3개로 등 부분에 펴져 있으며, 몸 빛깔은 담황색 바탕에 갈색 무늬가 흩어져 있다. 몸길이는 약 1.2m 정도까지 성장한다.

생태 및 분포 : 우리나라 전 연안의 수온이 낮은 지역에서 주로 생활하고 먹이로는 작은 물고기나 갑각류를 좋아한다. 산란기는 12~3월이며, 수심이 낮은 해역으로 이동하여 개펄이나 모랫바닥에 산란(產卵)한다. 암컷은 3년, 수컷은 4년 정도가 되면 성체가 된다.

아귀科

가짜 낚시대로 먹이를 유인하는 아귀科

Order Lophiiformes 아귀목
Family Lophiidae 아귀과
Lophiomus setigerus (Vahl, 1797) 아귀
영명 : Black mouth goosefish, angler
Lophius litulon (Jordan, 1902) 황아귀
영명 : Yellow goosefish

특징 : 『아귀』라는 이름은 불교에서 말하는 굶주림의 귀신을 뜻하는 '아귀' 라는 말에서 유래하였지만 물고기 『아귀』는 굶주림과는 거리가 먼 것처럼 보인다. 큰 입과 위장은 신축성이 뛰어나 어떠한 먹이도 삼킬 수 있으며, 먹성이 좋은 『아귀』가 음식을 삼키는 모습을 '아구아구' 삼킨다 하여 '아구' 라고 부르게 되었다고도 한다.

먹이 사냥은 먹이를 유인하는 낚싯대를 사용한다. 이 낚싯대는 등지느러미의 첫 번째 가시인데 가시 끝은 마치 헝겊조각처럼 보이는 가짜 먹이처럼 변해 있어 이것을 흔들면서 작은 고기를 유인한다. 다른 물고기들이 먹잇감인줄 알고 입 앞까지 접근하게 되면 『아귀』는 순간적으로 큰 입을 벌려서는 물고기를 삼켜버린다. 『아귀』는 다른 어종처럼 빠르게 유영할 필요가 없이 먹이를 유인하여 잡아먹을 수 있다.

『황아귀』는 '아귀' 와 매우 닮은 물고기다. 두 종을 구분하는 형질은 몇 가지가 있지만 대표적으로 입속의 무늬로 구분할 수 있는데 혀 앞쪽에 흰색 점이 있으면 『아귀』, 없으면 『황아귀』로 구분할 수 있지만 얼핏 보면 『아귀』와 『황아귀』는 구분이 어려울 정도로 닮아 있다. 『황아귀』는 『아귀』와 유사한 생김새와 습성으로 『아귀』의 사촌으로 여겨지며, 괴상한 생김새 때문에 예전에는 『아귀』와 함께 천하게 여겨지던 물고기다. 하지만 오늘날에는 찜(아구찜)과 탕(물텀벙탕, 인천 경기 지역) 요리의 주재료로 쓰이면서 인기 있는 물고기가 되었으며, 어느새 자원량 감소를 걱정하게 되었다.

형태 : 몸 빛깔은 전체적으로 흑갈색 또는 자갈색을 보이며 머리와 몸통이 매우 크고 꼬리 부위는 납작한 형태의 몸을 가져 바닥에서 생활하기에 적합하다. 꼬리는 짧고 가늘며 몸 가장자리를 따라 나뭇잎 모양의 작은 돌기들이 발달하여 바닥에 엎드려 있으면 주위와 구분이 잘 되지 않는다. 입은 몹시 크고 아래턱은 위턱보다 길게 뻗어 있다.

생태 및 분포 : 『아귀』와 『황아귀』는 우리나라 전 연안의 수심 30~500m의 비교적 깊은 바다 속 모래나 개펄에서 생활한다. 모래 속에 숨어 있다가 등지러미가 변형된 유인 돌기를 이용해 먹이를 유인하며 산란기는 3~4월이다.

빨간씬벵이

천의 얼굴을 가진 빨간씬벵이

Order Lophiiformes 아귀목
Family Antennariidae 씬벵이과
Antennarius striatus (Shaw, 1794) 빨간씬벵이
영명 : Trilobate frogfish, striped frogfish

특징 : 둥근 공 모양을 닮은 '씬벵이과' 물고기는 피부가 거칠지만 물컹거리는 몸에 비늘이 없는 것이 특징이다. 그 중에서 『빨간씬벵이』는 노란색이나 주황색 때론 흰색 등 주변 환경에 따라 다양한 몸 빛깔을 가지고 있으며, 때로는 검은 줄무늬를 보이기도 한다. 생김새도 개체마다 변이가 심하여 어떤 개체는 같은 종이라 하기 어려울 정도로 다른 모습을 하고 있다.

이렇게 몸의 빛깔과 생김새를 변이시키는 것은 적의 공격으로부터 자

신을 다른 것으로 보이게 하는 은신법으로 주의 깊게 관찰하지 않으면 찾아내기가 힘들다. 무엇보다 지느러미를 이용하여 물속에서 느리게 뒤뚱 뒤뚱 걸어 다니는 모습이 귀엽기도 하고 동물원에서 보는 '나무늘보' 를 연상하기 쉽다.

형태 : 몸은 작고 타원형에 가까우며 눈은 작고 등 부위에 치우쳐 있다. 주둥이 앞에는 먹이 유인용 돌기 1개를 가지고 있는데 이 돌기는 마치 '아귀' 의 낚싯대와 같아서 끝에 달린 조각을 흔들어 먹이를 유인한 다음 호기심에 다가온 물고기나 다른 생물들을 순식간에 잡아먹는다. 몸 길이는 20cm 전후로 성장한다.

생태 및 분포 : 우리나라 남해안과 제주도의 바위 지역이나 모래 또는 개펄에서 주로 생활한다.

꽁치

포항 특산품 과메기의 꽁치

Order Beloniformes 동갈치목
Family Scomberesocidae 꽁치과
Cololabis saira (Brevoort, 1856) 꽁치
영명 : Pacific saury

특징 : 포항에는 겨울철 먹을거리로 유명한 '과메기' 란 음식이 있다. 이는 본래 '청어' 를 말려서 만든 음식이었지만 '청어' 의 자원량이 감소하면서 요즘에는 『꽁치』를 이용하고 있다. '과메기' 외에도 『꽁치』는 구워서 먹거나 통조림, 튀김, 조림이나 찌개에도 이용되는 물고기로 '고등어' 와 더불어 대표적인 등 푸른 생선으로 영양이 뛰어나고 특히 야맹증에 효과가 있다는 비타민 A 성분이 많이 함유되어 있다. 『꽁치』라는 이름은 아가미 부근에 구멍이 있어서 구멍 공(空)자에서 유래되었으며 『꽁치』의 몸통이 마치 칼 모양을 닮았고 가을철에 맛이 뛰어나다 해서 '추도어(秋刀魚)' 라고 불렀다는 기록들도 있다.

형태 : 몸은 가늘고 긴 원통형으로 주둥이가 짧고 뾰족하며 아래턱이 위턱보다 다소 길게 뻗어 있다. 몸 빛깔은 등 부분이 흑청색, 배 부분이 은백색을 보이며 등지느러미와 뒷지느러미 뒤에는 5~7개의 토막지느러미가 존재한다. 몸길이는 25cm급이 흔하고 40cm까지 성장한다.

생태 및 분포 : 우리나라 동해와 남해의 표층에서 주로 헤엄쳐 다니는데 자극을 받으면 공중으로 날아가는 습성이 있다. 야간에 활동을 많이 하기 때문에 '꽁치잡이' 는 주로 야간에 이루어지고 보통 연안에서 무리를 지어 생활하다가 계절에 따라 이동하는 습성이 있으며, 산란기는 5~8월이다. 산란(產卵)된 알은 실과 같은 '부착사' 가 있어서 해조류나 부유물에 부착되며 이런 습성을 이용하여 동해안에서는 해조류를 바다에 늘어뜨렸다가 산란을 위해 모여든 『꽁치』를 잡고 있으며 이를 '손꽁치' 라고 부른다.

철갑둥어

단단한 껍질의 철갑둥어

Order Beryciformes 금눈돔목
Family Monocentridae 철갑둥어과
Monocentris japonica (Houttuyn, 1782) 철갑둥어
영명 : Pinecone fish

특징 : 『철갑둥어』는 작지만 단단하게 생긴 물고기로 몸 전체에 철갑을 두른 듯 단단한 비늘을 가지고 있고 그 색체가 진한 노란색을 보이기에 구분하기가 쉽다. 이 물고기의 특이한 생김새는 마치 파인애플을 닮았다고도 해서 'Pineapple fish' 또는 솔방울을 닮아서 'Pinecone fish' 라고도 불린다. 또한 이 물고기의 특이한 점은 아래턱에 1쌍의 발광기가 있고 여기에는 발광 박테리아가 공생하기 때문에 밤에는 청백색의 빛을 낼 수 있다는 것인데 물고기가 발광기를 가지는 이유는 자신의 몸을 보호하거나 먹이를 유혹하기 위해 빛을 낸다고 한다.

형태 : 주둥이는 짧고 끝이 둥글게 모여져 있으며 꼬리 부분을 제외하고는 몸 대부분이 갑옷과 같은 강한 딱딱한 비늘로 덮여 있다. 그 표면에는 뾰족한 돌기가 돋아 있고 등지느러미 앞에 크고 강한 가시가 돋아 있으며 지느러미에는 막이 없는 것이 특징이다. 몸 빛깔은 전체적으로 노란색

을 보이기 때문에 매우 아름다우며, 비늘은 육각형으로 연결 부위가 검은 색을 띠기 때문에 각각의 비늘이 구분된다. 몸길이는 15cm다.

생태 및 분포 : 우리나라 남해와 동해의 연안 바위가 많은 지역에서 주로 생활하고 먹이로는 새우류나 게 등을 좋아한다.

민달고기

은빛 찬란한 민달고기

Order Zeiformes 달고기목
Family Zeidae 달고기과
Zenopsis nebulosa (Temminck and Schlegel, 1845) 민달고기
영명 : Mirror dory

특징 : 우리나라의 '달고기과' 물고기로는 총 2종으로 '달고기' 와 『민달고기』가 알려져 있다. '달고기' 와 생김새가 매우 유사한 은빛 찬란한 『민달고기』는 이름에서도 알 수 있듯이 몸 중앙에 검은 점이 없는 것이 큰 특징이다. 하지만 어린 시기에는 몸 전체에 검은 점들이 일정한 크기로 존재하는데 이는 성장하면서 희미해지는 것으로 생각된다. 『민달고기』는 아열대성 물고기로 난류를 따라 이동하여 우리나라 동해에서 자주 출현하는 물고기다.

형태 : 등 부분에서 배 부분까지의 몸높이는 높고 몸은 옆으로 심하게 납작해서 체형이 거의 원형으로 보인다. 몸과 꼬리지느러미를 연결하는 꼬리자루 부위는 유난히 잘록하고 가늘게 뻗어 있으며, 머리는 크고 주둥이에서 등지느러미까지 이어지는 눈 위 부위가 오목하게 들어가 있는 것이 '달고기' 와의 차이점이다. 이렇게 오목하게 들어간 모습 때문에 주둥이는 유난히 길어 보이고 주둥이 끝에 있는 입은 위를 향해 열린다. 또한 몸의 등과 배 부분의 가장자리를 따라 한 줄의 날카로운 가시가 일정한 간격으로 나 있으며, 눈은 크고 머리의 등 부분에 치우쳐 있다. 몸 빛깔은 밝은 은색을 보이고 전체적으로 검은 점들의 흔적을 볼 수 있다. 몸길이는 최대 70cm까지 성장한다.

생태 및 분포 : 우리나라 전 연안의 수심 200~800m인 깊은 지역의 모래질 바닥이나 바위인 해역에 주로 생활한다. 먹이로는 새우류나 오징어류를 좋아하며, 산란기는 주로 1~2월로 산란장은 서식지와 동일하다.

달고기

블랙홀 물고기 달고기

Order Zeiformes 달고기목
Family Zeidae 달고기과
Zeus faber Linnaeus, 1758 달고기
영명 : John dory

특징 및 형태 : 몸 한 가운데에는 보름달처럼 둥근 검은 점이 있는 『달고기』는 등 부분에서 배 부분까지의 몸높이가 높아 전체적으로 난원형이며, 눈 위의 외곽선이 볼록하게 튀어나와 있다. 『달고기』의 입은 위쪽으로 향해 있고 매우 크며, 아래턱이 위턱보다 약간 길게 나와 있다. 몸 빛깔은 담갈색 또는 은회색을 보이고 등지느러미는 실처럼 길게 뻗어 있는데 위협을 느끼거나 방향 전환이 필요할 때, 이 긴 가시를 가진 등지느러미를 세우는데 그 모습이 마치 장원급제 후 임금님이 머리에 달아주시던 어사화를 닮아서 위풍당당하고 화려한 자태가 아닐 수 없다. 또한 지느러미 주변에 날카로운 작은 가시들이 돋아 있어 어부들이 성가시게 여기기도 한다. 몸길이는 최대 50cm까지 성장한다.

『달고기』의 사촌격인 '민달고기(*Zenopsis nebulosa*)' 는 체형이나 생김새가 『달고기』와 유사하지만 달 모양의 둥근 점이 없는 것으로 구분된다.

생태 및 분포 : 우리나라의 동해와 제주도를 포함하는 남해의 수심 100~200m의 깊은 장소에서 주로 살고 있는 육식성 어류다.

실비늘치

멍게의 몸속에 숨는 실비늘치

Order Gasterosteiformes 큰가시고기목
Family Aulorhynchidae 실비늘치과
Aulichthys japonicus Brevoort, 1862 실비늘치
영명 : Japanese tubesnout

특징 : 『실비늘치』는 크기가 매우 작은 물고기로 '펜싱' 경기에 사용되는 '검' 을 닮았다. 작고 약한 물고기이지만 나름대로의 생존과 번식 방법을 가지고 있다. 『실비늘치』는 봄철에 산란(産卵)을 하는데 '멍게' 의 몸을 빌려 알을 낳는 독특한 번식 생태를 보인다. 알을 낳고 나면 어미는 죽고, 알에서 부화한 새끼는 1년 후에 어미가 되는 빠른 성장력을 보

이는데 아무 곳에나 산란하게 되면 다른 물고기들의 먹이가 될 수 있기 때문에 멍게의 몸속을 이용하게 된 것이다.

형태 : 몸은 가늘고 긴 원통형이며 입은 작고 주둥이는 날카로운 관 모양으로 튀어나와 있다. 뒷지느러미 가장자리는 수컷의 경우 둥글게 패어 있고 암컷의 경우 직선에 가까운 모양을 보인다. 특히 성숙한 수컷은 뚜렷한 외부 생식기를 가지기 때문에 암수 구분이 쉽다. 몸 빛깔은 암갈색 바탕에 뒷지느러미 가장자리의 색깔에 따라 암수 구분이 가능한데 수컷은 연한 녹색인 반면에 암컷은 분홍색이다. 몸길이는 13cm 정도까지 성장한다.

생태 및 분포 : 우리나라 동해와 남해의 얕은 바다에서 주로 생활하며, 먹이로는 작은 동물들을 좋아한다. 봄에서 여름에 걸쳐 멍게의 위새강(圍鰓腔)에 알을 낳는다. 잘피나 해조가 잘 발달한 얕은 연안에서 무리지어 헤엄치는 『실비늘치』를 만나면 마치 새우나 곤쟁이류가 떼를 지어 이동하는 것 같이 보인다.

띠거물가시치

알려지지 않은 물고기 띠거물가시치

Order Gasterosteiformes 큰가시고기목
Family Syngnathidae 실고기과
Halicampus boothae (Whitley, 1964) 띠거물가시치
영명 : Booth' s pipefish

특징 : 바다 속 해조류가 풍부한 곳에서 가느다란 몸을 움직이는 모습이 마치 육지의 뱀이나 지렁이를 닮아 약간의 공포와 혐오감을 보이는 물고기다. 우리나라에서는 서식 범위가 좁고 크게 알려져 있지 않은 물고기 중에 하나다.

형태 : 몸은 실처럼 가늘고 길게 뻗어 있으며, 몸 빛깔은 붉은 색을 보이지만 주변 환경에 따라 다양하게 변할 수 있으며, 마디 모양의 띠무늬를 가지고 있다. 또한 꼬리지느러미 주변에 육아낭을 가지며, 다른 '실고기과' 와는 다르게 주둥이가 짧은 것이 특징이다. 몸길이는 10cm다.

생태 및 분포 : 우리나라에서는 대마난류의 영향을 받는 제주도 연안의 해조류와 산호 지역에 주로 생활한다.

복해마

말의 모습을 닮은 복해마

Order Gasterosteiformes 큰가시고기목
Family Syngnathidae 실고기과
Hippocampus kuda Bleeker, 1852 복해마
영명 : Spotted seahorse, yellow seahorse

특징 : 『복해마』는 매우 독특한 형태를 가진 물고기로 머리와 몸까지는 생김새가 마치 '말' 과 닮았으며 긴 꼬리를 가지고 있다. 수중에서 『복

해마』는 잘피나 해조류에 꼬리를 감아서 의지한 채 해류(海流)에 따라 이리저리 흔들거리며 지내는데 입 앞을 지나가는 플랑크톤들을 잡아먹으며, 이동할 때에는 등에 붙어 있는 작은 지느러미를 좌우로 움직이며 헤엄친다.

형태 : 『복해마』의 머리는 대롱형 주둥이가 길게 돌출되어 있고 눈 위와 머리에는 돌기가 솟아 있다. 배는 볼록하고 꼬리는 의지할 해조나 물체를 둥글게 감을 수 있는 것이 특징이다. 몸은 딱딱한 골판(骨板)으로 덮여 있으며, '해마' 라는 물고기와 생김새가 유사하지만 머리 위의 돌기가 '해마' 와 비교해 짧은 편이다. 몸 빛깔은 황갈색이나 흑갈색 등 개체에 따라 변이가 심하며, 암갈색의 점과 띠무늬를 가진다. 몸길이는 최대 17cm까지 성장하며 해마류 중에서 가장 큰 종이다.

생태 및 분포 : 우리나라 남해안과 제주도의 연안을 비롯하여 강 하구의 기수역에서 주로 생활하며, 암컷은 수란관(輸卵管)을 수컷의 육아낭(育兒囊)에 넣어 산란(產卵)하며 수컷은 새끼가 깨어나 몸 밖으로 나갈 때까지 보호한다.

실고기

가늘고 긴 해마사촌 실고기

Order Gasterosteiformes 큰가시고기목
Family Syngnathidae 실고기과
Syngnathus schlegeli Kaup, 1856 실고기
영명 : Seaweed pipefish

특징 및 형태 : 『실고기』는 가늘고 긴 대롱형 몸을 가지고 있어 영어권에선 Pipe fish라 부른다. 머리에는 긴 주둥이를 가지고 있으며 등지느러미는 몸의 중앙에 위치하지만 뒷지느러미와 배지느러미는 없다. 또한 꼬리지느러미와 가슴지느러미는 그 크기가 매우 작으며, 몸 빛깔은 갈색이다. 몸길이는 약 30cm이다.

생태 및 분포 : 우리나라 전 연안의 잘피밭이나 해조류가 많은 지역에서 생활한다. 번식은 '해마' 와 유사하게 암컷과 수컷이 교미하여 수컷이 새끼를 보호하는데 암컷은 수컷의 꼬리지느러미 앞에 있는 육아낭(育兒囊)에 산란(産卵)하고, 수컷은 알에서 어린 새끼가 부화되어 헤엄쳐 나갈 때까지 보호한다. 먹이로는 플랑크톤을 주로 먹는다.

미역치

작지만 독을 가진 무서운 녀석 미역치

Order Scorpaeniformes 쏨뱅이목
Family Scorpaenidae 양볼락과
Hypodytes rubripinnis (Temminck and Schlegel, 1843) 미역치
영명 : Tiny stinger, redfin velvetfish

특징 : 『미역치』는 납작한 타원형의 몸을 가지고 머리 앞쪽의 경사가 심한 편이다. 비늘은 피부에 덮여있으며, 옆줄은 등 쪽에 있는데 흰 점으로 나타난다. 몸 빛깔은 주황색 바탕에 흑색 또는 갈색 무늬가 흩어져 있으며, 매우 화려한 물고기 중 하나다.

남해와 동해안 연안의 바위 또는 사패질 바닥에서 흔히 볼 수 있는 소형 물고기이며 아마 미역과 같은 해조류가 많이 서식하는 곳에서 많이 발견된다 하여 붙여진 이름일까 생각되지만 실은 바위가 없는 밋밋한 연안 바닥에서도 많이 관찰된다.

형태 : 동해, 남해, 제주도 연안에서 스쿠버다이빙을 하다보면 그 크기가 작고 화려한 체색이 주위 암반 색과 유사하여 한 눈에 발견하기가 쉽지 않지만 독을 가지고 있기 때문에 늘 조심해야 하는 물고기로 등지느러미가 머리의 앞부분까지 나와 있는 것이 특징이며, 이 등지느러미 가시에 독성(毒性)을 가지고 있다. 대부분 독을 가진 물고기들이 그러하듯이 『미역치』도 거의 움직이지 않은 채 큰 눈망울만을 굴리고 있다가 위협을 느끼면 독이 있는 등지느러미를 세우며 경계태세를 취하다 재빠르게 그 자리를 피하기도 한다. 비늘은 피부에 묻혀 있다. 몸길이는 10cm 내외이다.

생태 및 분포 : 우리나라 동해와 남해안 연안에서 무리를 지어 널리 서식하며 '양볼락과' 의 다른 물고기들과는 달리 알을 낳는 난생(卵生)으로 산란기는 여름철이다. '쑤기미' , '쏠배감펭' , '쏠종개' 와 함께 우리나라에서 독 가시를 가진 연안 물고기로 유명하다.

쏠배감펭

우아하게, 그러나 사자의 용맹함으로... 쏠배감펭

Order Scorpaeniformes 쏨뱅이목
Family Scorpaenidae 양볼락과
Pterois lunulata Temminck and Schlegel, 1843 쏠배감펭
영명 : Butterfly fish

특징 : 물고기 중에서 화려한 모습으로 순위를 정하자면 『쏠배감펭』은 국가대표급이다. 가슴지느러미와 등지느러미의 가시가 길게 뻗어 있으며, 몸에는 화려한 줄무늬가 많아 물속에서도 위엄을 느끼게 한다. 가슴지느러미를 활짝 핀 모습은 마치 사자의 갈기를 닮았다고 하여 영어권에선 '사자고기(Lionfish)' 라 부른다.

등지느러미의 가시에는 자신을 보호하기 위한 독성(毒性)을 가지고 있으며, 이 가시에 찔리면 심한 통증과 함께 붓기 때문에 특별히 주의하여야 하지만 지느러미의 가시를 곧추세운 채 천천히 움직이는 모습은 마치 우아한 '공작' 을 닮았다고 한다.

『쏠배감펭』은 호기심이 많기 때문에 스쿠버다이버들이 사진 촬영을 하고 있으면 바로 옆까지 다가와서는 카메라 액정을 주시하거나 멋진 포즈를 취해주기도 한다. 그러다 스쿠버다이버와 눈이 마주치면 서로 놀라지만, 역시나 느릿느릿한 움직임으로 그 자리를 벗어나곤 한다.

형태 : 『쏠배감펭』의 몸은 전체적으로 타원형의 형태를 보이며 두 눈

사이가 깊게 패여 있다. 가슴지느러미가 크고, 펼쳐졌을 때는 매우 아름다우며, 연한 분홍색 바탕에 20여개 정도의 짙은 갈색의 가로 줄무늬를 가지고 있다. 몸길이는 30cm 전후이다.

생태 및 분포 : 우리나라에선 대마난류의 영향을 받는 제주도, 남해안 외곽도서 그리고 동해에서 만날 수 있으며 주로 모래나 바위 지역에 서식한다.

볼락

새끼를 출산하는 난태생 볼락

Order Scorpaeniformes 쏨뱅이목
Family Scorpaenidae 양볼락과
Sebastes sp. 볼락류
영명 : Rockfish

특징 : 일반적으로 물고기들은 암컷이 알을 산란(産卵)하고 수컷이 정액으로 수정시켜 수정란(受精卵)이 되는 체외수정을 하지만, 『볼락』류는 암・수컷이 체내 수정을 하고 암컷은 배속에서 수정란을 품고서 부화된 자어(子魚)로 출산을 하는 난태생이다. 특히 우리나라 경남 지방에서는 자원량이 풍부하여 '경남도어' 로도 지정되어 있으며, 연안에서 흔히 만날 수 있어 친숙하고도 맛있는 물고기다.

형태 : 등에서 배까지의 몸높이가 약간 높은 타원형 몸을 가지며, 주둥이 윗부분과 두 눈 사이 그리고 머리 부분에는 작은 가시들이 돋아 있

다. 등지느러미와 뒷지느러미의 가시는 강하고 찔리면 통증을 느낄 정도의 약간의 독성(毒性)도 가지고 있다. 몸은 전체적으로 갈색 바탕에 뚜렷하지 않은 갈색 줄무늬가 있다. 몸길이는 대개 15~30cm이지만 35cm까지 성장한 대형 『볼락』도 가끔 발견된다.

생태 및 분포 : 우리나라 연안 수심 20~50m의 바위 지역에서 주로 생활하고 낮에도 먹이 활동을 하지만 야행성이 강한 편이다. 먹이로는 새우류나 작은 물고기들을 좋아하는 육식성이다.

【참고】우리나라에는 볼락(*Sebastes inermis*) 1종만 알려져 왔으나, 최근 일본 어류학자들에 의해 3종[붉은색이 강한 종(*Sebastes inermis*), 검은색이 강한 종(*Sebastes ventricosus*), 흰색이 강한 종(*Sebastes cheni*)]으로 나누고 있다.

개볼락

노란 빛깔 개볼락

Order Scorpaeniformes 쏨뱅이목
Family Scorpaenidae 양볼락과
Sebastes pachycephalus Temminck and Schlegel, 1843 개볼락
영명 : Spotbelly rockfish, blass bloched rockfish

특징 : 흔히 볼락류 물고기를 이야기 하면 '볼락', '조피볼락' 그리고

‘불볼락’ 등을 떠올릴 수 있다. 볼락류 물고기는 그 종류도 많을 뿐 아니라 형태가 매우 유사하여 아직 정확하게 분류되지 못한 것들도 많다. 그 중에 『개볼락』은 가치가 적을 때 주로 쓰는 ‘개’ 자를 붙여 『개볼락』이 되었지만, 낚시에 걸려 올라오는 그 힘은 어느 볼락류 물고기들 못지않다. 다른 볼락류 보다 좀 더 깊은 수심에서 주로 생활하는 것으로 알려져 있으며, ‘조피볼락’ 과 매우 닮아 있어 일부 지역에서는 ‘개우럭’ 이라고 부른다. 이름에 ‘개’ 자가 들어가 있어 하찮은 존재 같지만, 물속에서 만난 『개볼락』은 노란 빛깔이 마치 반짝거리며 떨어지는 불꽃을 보는 듯하다.

형태 : 머리가 작고 배 부분에서 등 부분까지의 몸높이가 약간 높은 마치 럭비공과 비슷한 형태의 타원형이다. 머리 부분에 크고 강한 가시가 있으며, 두 눈 사이는 오목하게 패여 있다. 몸 빛깔은 전체적으로 황갈색이나 흑갈색과 같은 다양한 바탕에 검은 무늬 또는 노란 점들이 흩어져 있다. 몸길이는 약 35cm 이상 성장하기도 한다.

생태 및 분포 : 다른 볼락류 물고기들과 마찬가지로 난태생으로 봄에 새끼를 낳으며, 우리나라 남해와 동해 연안 바위 지대 또는 방파제 테트라포드 아래에서 자주 볼 수 있다.

조피볼락

우럭이란 이름이 더 친숙한 조피볼락

Order Scorpaeniformes 쏨뱅이목
Family Scorpaenidae 양볼락과
Sebastes schlegelii Hilgendorf, 1880 조피볼락
영명 : Jacopever

특징 : '볼락류' 물고기 중에서 경남지방에서 가장 인기 있는 물고기는 '볼락' 이지만 서해안에서 가장 인기가 있는 물고기는 '우럭' 으로 불리는 『조피볼락』이다. 『조피볼락』은 70cm까지 자라는 대형 볼락으로 같은 과(Family)에서 덩치가 가장 큰 물고기이다.

『조피볼락』은 맛이 좋고 영양이 풍부하여 횟감으로나 매운탕 재료로는 일품으로 인정받고 있다. 담백한 맛과 육질이 부드러워 임금님의 수라상에도 올랐다고 전해졌으며, 1980년대 종묘생산 기술이 개발되면서 대량 양식이 가능케 되어 지금은 '넙치' 와 함께 우리나라 해면 양식의 대표종으로 자리 잡았다. 또한 정착성이 강하기 때문에 1990년대 후반부터 바다목장 대상어종으로 선정되어 자원조성을 위한 노력이 집중되었던 물고기다.

형태 : 몸은 머리가 길고 날씬하게 뻗은 긴 타원형으로 머리 부분에 짧지만 강한 가시들이 돋아 있다. 위턱을 덮는 가시들의 끝이 아래쪽으로 향해 있는 것이 특징이며, 두 눈 사이가 멀고 거의 편평한 편이다. 몸 빛깔은 전체적으로 회갈색 바탕에 검은 점들이 흩어져 있으며, 어린 개체

들은 황갈색을 보인다. 또한 눈 아래에 2개의 경사진 검정 줄무늬가 특징적이며, 어릴 때에는 몸에 4~5줄의 구름무늬가 희미하게 있다가 자라면서 점차 검은 색이 강해지고 무늬는 옅어진다. 몸길이는 약 50cm 정도이다.

생태 및 분포 : 우리나라 전 연안의 바위 지역에서 주로 생활하며, '볼락' 과 마찬가지로 새끼를 낳는 난태생어로 4~6월에 산란한다. 생후 만 3년 정도면 어미가 되며, 먹이로는 다른 물고기들을 비롯하여 작은 동물들을 좋아한다.

불볼락

수중의 꽃처럼 피어나는 불볼락

Order Scorpaeniformes 쏨뱅이목
Family Scorpaenidae 양볼락과
Sebastes thompsoni (Jordan and Hubbs, 1925) 불볼락
영명 : Goldeye rockfish

특징 : 정약전의 《자산어보(玆山魚譜)》에는 『불볼락』을 '적박순어(赤薄脣魚)' 라고 하여 입술이 얇고 붉은 점이 눈에 띄는 물고기로 표현하였다. 겨울철 찬 바람이 불기 시작하면 '열기 외줄낚시' 로 손맛을 즐기려는 낚시동호인들이 움직이기 시작하는데 여기서 '열기' 는 『불볼락』을 말한다. 가까운 바다든 먼 바다든 낚싯대 하나에 여러 마리가 주렁

주렁 물고 올라오는 열기낚시는 겨울철 낚시로는 압권이며, 이를 일컬어 '열기 꽃이 피었다' 고도 표현하고 이듬해 초봄까지 열기낚시 시즌은 이어진다.

『불볼락』은 겁이 많기로도 유명한데 깊은 바다에서도 무리를 지어서 살고 있으며, 한겨울에는 연안에서도 작은 『불볼락』들이 무리지어 있는 것을 자주 만날 수 있다.

형태 : 몸은 둥근 타원형으로 눈과 코 주변에는 약한 가시가 솟아 있으며, 주둥이는 뾰족하고, 길이는 눈의 지름과 비슷하다. 전체적으로 '볼락' 과 매우 유사한 형태를 보이지만 몸 빛깔에 분홍빛이 강하고, 등 부위에 5개의 암갈색 무늬가 특징이며, 가슴지느러미와 꼬리지느러미는 붉은 빛을 보인다. 몸길이는 최대 35cm까지 성장한다.

생태 및 분포 : 우리나라 전 연안 30~150m의 비교적 깊은 수심 바위 지역에서 주로 생활하고, 암수교미를 통하여 수정란(受精卵)이 부화할 때까지 어미 배 속에서 발생하는 난태생 물고기다. 먹이로는 동물성 플랑크톤이나 작은 물고기들을 좋아한다.

쏨뱅이

죽어도 삼배의 맛을 지닌 쏨뱅이

Order Scorpaeniformes 쏨뱅이목
Family Scorpaenidae 양볼락과
Sebastiscus marmoratus (Cuvier, 1829) 쏨뱅이
영명 : Marbled rockfish

특징 : 『쏨뱅이』는 등지느러미의 가시에 독성(毒性)이 강해 찔리게 되면 통증이 심한데 '쏘는 고기' 란 의미에서 『쏨뱅이』라 불리게 되었다. 맛이 좋은 물고기로 평가받는데 경남지방에서는 '삼뱅이' 라고도 부르며 '살아도 세배, 죽어도 세배' 라 하여 다른 물고기에 비하여 맛이 세배나 좋은 물고기로 취급한다. 지방에 따라 제사상에 올리기도 하며, 강인한 생김새 때문에 일본에서는 튼튼한 아들을 낳기 위해 '쏨뱅이 된장국' 을 먹는다고도 한다.

형태 : 머리와 몸통이 통통하며 체형은 타원형에 가깝고 머리의 등 쪽으로는 끝이 뒤로 향한 날카로운 가시들이 발달되어 있다. 몸 빛깔은 진한 흑갈색 또는 황갈색 바탕에 5개 전후의 짙은 암갈색 줄무늬가 있고 흰색 또는 옅은 색의 둥근 반점들이 흩어져 있다. 몸길이는 최대 30cm 정도다.

생태 및 분포 : 우리나라 전 해역의 연안에 살고 있으며, 남해에서는 겨울철에 새끼를 낳는다. 『쏨뱅이』는 이동성이 약하고 서식지에 대한 텃세가 심해 주변을 어슬렁거리는 생물이 있으면 무조건 공격하는 습성이 있다. 서식 장소에는 암수 2~3마리씩 짝을 지어 살며 큰 입에 걸맞게 왕성한 먹성을 가지고 있다. 야행성이라 해가 진 뒤 활동이 활발해진다고는 하지만 먹성이 좋아 하루 종일 먹이만 있으면 어떠한 미끼라도 탐식하는 물고기다. 먹이로는 새우, 게 그리고 다른 물고기들을 좋아하며 이러한 식성 때문에 고급어종으로 취급하는 남해안과 제주도 연안에서는 자원 고갈현상이 두드러진 종이기도 하다.

노래미

쥐노래미 사촌 노래미

Order Scorpaeniformes 쏨뱅이목
Family Hexagrammidae 쥐노래미과
Hexagrammos agrammus (Temminck and Schlegel, 1843) 노래미
영명 : Spotty belly greenling

특징 : '쥐노래미' 의 생김새와 사는 모습이 매우 닮은 『노래미』는 낚시꾼들이 가장 쉽게 만날 수 있는 친구 중에 하나다. 그 만큼 자원량이 많기도 하지만 바위가 발달한 얕은 연안에 살고 있어 전문 낚시채비가 아니라도 쉽게 잡을 수 있기 때문이다.

부산지방에서 '게르치', 서해안에서 '놀래미' 라 부르면서 횟감으로 인기가 높은 '쥐노래미' 와 구분하여 '몰노래미' (모자반 숲에 많이 산다하여 붙여진 이름), '놀래미' (먹이를 흔들어 놀려주면 잘 무는 고기) 등의 이름으로 부른다. 겨울철에는 살도 단단하고 나름대로 먹을 만하지만 그다지 인기도 없고 상품가치도 없을 뿐만 아니라 일부는 몸에서 독특한 냄새가 난다하여 먹지 않은 이들도 있다.

정약전의 《자산어보(玆山魚譜)》에는 귀가 있는 물고기(耳魚)로 '쥐노래미' 와 『노래미』를 소개하고 있다. 여기서 귀란 실제 귀가 아니고 귀처럼 보이는 눈 위에 있는 조그만 육질돌기를 말한다. 한 가지 재미난 사실은 자산어보에서는 '쥐노래미' 와 『노래미』를 지금의 표준명과 바꾸어 지칭하고 있는 것이다. '두세 자로 큰 놈' 을 『노래미』라 설명하고 있지만 실제 이 정도로 큰 것은 지금의 '쥐노래미' 이고, 검고 붉은 색을 갖고 몸에 비린내가 난다고 설명한 '쥐노래미' 는 지금의 『노래미』를 말하고 있다. 서해안 지방의 어시장이나 횟집에서 '쥐노래미' 를 『노래미』, '놀래미' 라 부르고 있는 것과 같다.

형태 : 몸은 가늘고 긴 원통형으로 빛깔은 주변 환경에 따라 변이가 심하지만 대개는 검붉은 색을 보이고 흰색 점들이 흩어져 있으며 배 쪽은 노랗다. '쥐노래미' 와 생김새가 매우 유사하여 몸 빛깔로는 구분이 어렵지만 '쥐노래미' 는 옆줄이 5개인 반면에 『노래미』는 1개로 구분된다. 등 쪽에 1개의 옆줄이 있으며 몸길이는 최대 30cm 정도다.

생태 및 분포 : 우리나라 전 연안의 바위와 해조류가 많은 곳에서 생활하며, 먹이로는 작은 동물들을 좋아한다. 산란기는 12~1월로 해조류 줄기에 점착성(粘着性) 덩어리 형태의 알을 낳으며, 수컷이 이를 지키는 습성이 있다.

쥐노래미

노래미와 혼돈되는 사촌 형님격 쥐노래미

Order Scorpaeniformes 쏨뱅이목
Family Hexagrammidae 쥐노래미과
Hexagrammos otakii Jordan and Starks, 1895 쥐노래미
영명 : Greenling

특징 : 물고기들은 대개 1개의 옆줄을 가지고 있지만 『쥐노래미』는 5~6개의 옆줄을 가지고 있다 하여 중국에서는 '육선어(六線魚)'라 부르기도 한다. 또한 『쥐노래미』는 어릴 적 가졌던 부레가 퇴화하면서 바닥 생활을 하기 때문에 배를 바닥에 대고 지낸다. 부화한 어린 새끼들은 청색을 띠며 표층 생활을 하다가 성장하면서 서서히 몸 빛깔이 갈색을 띠고 부레가 퇴화하면서 바닥 생활로 전환하게 된다. 부레가 없는 『쥐노래미』는 이동할 때 지느러미와 꼬리를 사용하여 헤엄치며, 움직임을 멈추면 바로 바닥에 가라앉는다. 그리고 『쥐노래미』는 배 부분이 노란색인 '노래미'와는 달리 회색으로 구분될 수 있다.

형태 : 『쥐노래미』의 몸은 가늘고 긴 원통형이며 눈 위 가장자리에 깃털 모양의 돌기를 가진다. '노래미'와 생김새가 매우 유사하지만 옆줄은 5개로 등 쪽에 3개, 몸 중앙과 배 쪽에 각각 1개씩 존재하는 것이 특징이다. '노래미'와 구분하는 또 하나의 방법은 꼬리지느러미의 가장자리 윤곽형태인데 꼬리지느러미의 가장자리가 둥그스름하게 나와 있으면 '노래미'이고 거의 일직선이거나 약간 안쪽으로 오목하면 『쥐노

래미』이다. 몸 빛깔은 연한 황갈색 바탕에 진한 갈색의 구름무늬가 섞여 있으며, 배 쪽에는 연한 회색을 보이지만 서식 장소에 따라 몸 빛깔은 조금씩 다르다. 몸길이는 최대 65cm까지 성장할 수 있다.

생태 및 분포 : 우리나라 전 연안에서 주로 생활하며, 먹이로는 새우류나 작은 조개류 그리고 다른 물고기들을 좋아한다. 산란기는 12~1월로 점착성(粘着性) 알을 낳아서 해조나 단단한 부착기질에 알 덩어리를 붙이는 특성이 있고 수컷이 수정란(受精卵)을 지키는 부성애가 강하여 한 달에서 길게는 두 달까지 알이 부화할 때까지 알 덩어리를 지킨다. 부화 후 암컷은 2년, 수컷은 1년이 지나면 성체가 된다.

가시망둑

멍게 속에 알을 낳는 가시망둑

Order Scorpaeniformes 쏨뱅이목
Family Cottidae 둑중개과
Pseudoblennius cottoides (Richardson, 1848) 가시망둑
영명 : Sunrise sculpin

특징 : 남해안 연안에서 생활한 사람들은 'X쟁이'라 부르는 물고기가 있다. 이 종을 낚시로 잡아서 보면 항문에 긴 관이 몸 밖으로 나와 있는데 이를 보고서 'X쟁이'란 이름이 붙었지만 학술적으로는 산란관(產卵管)이다. 수컷과 암컷이 체내에 수정을 하여 수정란(受精卵)이 생기면 암컷은 이 산란관을 멍게 몸속에 밀어 넣어서 산란(產卵)을 하게 되는데 가을부터 겨울 사이에 가끔 멍게 몸속에서 투명한 물고기 알을 볼 수 있다. 아무것도 모르는 멍게는 수정란이 발생하여 새끼 『가시망둑』이 탄생할 때 까지 은신처 역할을 톡톡히 하게 되는 것이다. 보통 이렇게 다른 생물의 도움을 받게 되면 도움을 받은 생물은 그에 상응하는 대가를 치루기도 하지만 『가시망둑』은 멍게를 자신의 수정란을 위한 안전한 장소로 이용만 할 뿐이다.

형태 : 몸은 가늘고 긴 원통형으로 주둥이는 뾰족한 편이다. 몸에는 비늘이 없이 매끄러운 피부를 가지고 있으며 몸 빛깔은 전체적으로 흑갈색 또는 흑자색에 얼룩덜룩한 흰색 반점이 있는데 옆줄 아래쪽엔 흰색 아령 모양 무늬가 꼬리 끝까지 줄지어 있는 것이 특징이다. 몸길이는 15cm 정도다.

생태 및 분포 : 울릉도와 독도를 포함한 동해와 남해안의 해조숲이 잘 발달한 바위 지대나 조수 웅덩이에서 볼 수 있으며, 육식성으로 어린 물고기 또는 작은 동물을 좋아하는데 가끔은 자신의 새끼도 잡아먹는다. 상업성을 가지는 물고기는 아니지만 우리나라 연안에서 흔히 만날 수 있다.

꼼치

무엇에 쓸지 몰랐던 물고기 꼼치

Order Scorpaeniformes 쏨뱅이목
Family Liparidae 꼼치과
Liparis tanakae (Gilbert and Bürke, 1912) 꼼치
영명 : Tanaka' s snailfish

특징 : 『꼼치』는 사투리인 '곰치' 또는 '물메기' 로 더 널리 알려져 있지만 '뱀장어목' 에 속하는 '곰치' 와는 전혀 다른 물고기다. 남해안에서는 커다란 머리와 길고 넓적한 몸뚱이가 '메기' 를 닮아 '물메기' 라 부르기도 하고 강원도 지역에선 『꼼치』와 유사하지만 좀 더 대형종인 '미거지' 를 물에 사는 곰 같다 하여 '곰' , '곰치' 라고도 부르고 있다.

『꼼치』는 일반 물고기와는 생김새가 다르고 몸이 흐물거리는 특징으로 거부감을 주기도 하는데 실제로 우리 조상들은 이 물고기를 어디에 쓰겠냐며 흉물(凶物)로 여겼다고 한다. 하지만 오늘날에는 얼큰하고 담백한 탕의 재료로 이름을 날리며 비슷한 계절에 잡히는 '대구' 와 어깨를 겨루면서 아침에 맞는 시원한 해장국의 재료로 값을 올리고 있다. 그러고 보면 물고기 팔자도 알 수 없는 것 같다.

형태 : 머리가 둥글고 크며 눈은 작고, 근육 조직이 부드러우며 일반 물고기의 잘 갖추어진 체형과는 거리가 멀게 느껴져서 어딘지 모르게 물고기로서 덜 갖추어진 녀석처럼 느껴진다. 주둥이는 짧고, 배지느러미는 흡반으로 변형되어 있으며, 비늘이 없이 까칠까칠하다. 가슴지느러미는 폭이 넓어 아래턱까지 이어지며 몸 빛깔은 갈색 또는 황갈색 바탕에 검은색 무늬가 있고 배 부분은 흰색이지만 지느러미는 검은색이다. 몸길이는 최대 60cm까지 성장한다.

생태 및 분포 : 우리나라 서해와 남해의 수심 20~120m인 깊은 바다에 살다가 산란기인 12~2월에 연안으로 접근하여 단단한 기질에 알을 붙인다. 이러한 습성을 이용하여 통발로 포획할 수 있는데 이때 같이 얻어지는 수정란(受精卵)도 오돌오돌한 별미로 인기 있어 술안주나 찌개용 요리 재료로 어시장에서 판매되고 있다. 먹이로는 작은 동물 및 다른 물고기들을 좋아한다.

도도바리

능성어와 닮은 도도바리

Order Perciformes 농어목
Family Serranidae 바리과
Epinephelus awoara (Temminck and Schlegel, 1842) 도도바리
영명 : Banded grouper, yellow grouper

특징 : 제주도 바다에는 '능성어' 와 매우 닮은 물고기가 자주 출현한다. 이는 『도도바리』로 몸통에 나타나는 줄무늬는 '능성어' 와 매우 닮았으며, 황갈색 점무늬는 '붉바리' 와 매우 닮아 두 물고기의 중간 형태가 아닌가 하는 생각이 드는 물고기다.

형태 : 몸과 머리는 매우 얇으며, 몸통은 긴 타원형이다. 주둥이는 다소 뾰족한 편이며, 아래턱이 위턱보다 길고 몸에는 6개의 진한 갈색 줄무늬가 있으며 작은 황갈색 점들이 흩어져 있다. 또한 등지느러미와 꼬리지느러미 가장자리에는 노란색 테두리가 뚜렷하게 나타나 유사종인 능성어와 쉽게 구분할 수 있다. 몸길이는 40cm까지 성장한다.

생태 및 분포 : 따뜻한 물을 좋아하여 제주도를 포함한 남해안의 얕은 바위 지역이나 모래 및 개펄 지역에 주로 생활한다.

자바리

제주 다금바리 자바리

Order Perciformes 농어목
Family Serranidae 바리과
Epinephelus bruneus Bloch, 1793 자바리
영명 : Kelp grouper

특징 : 제주도에는 가장 유명한 횟감으로 '다금바리' 가 아주 비싼 값에 유통되고 있다. 하지만 이 '다금바리' 가 어떠한 물고기를 말하는 것인지에 대해서는 아직 왈가불가 말이 많다. 그 이유는 '다금바리' 라 불리는 물고기가 2종이 존재하기 때문이다. 사전적으로 '다금바리' 라는 것은 제주도에서만 나오는 귀한 물고기(*Niphon spinosus*)로 방언으로는 '뻴농어' 라고도 불리며, 우리나라에서는 실제 포획수가 매우 적어 멸종 위기의 물고기로 여겨지고 있다. 다른 '다금바리' 는 바로 『자바리』를 말하는 것으로 제주도에서는 예부터 『자바리』를 '다금바리' 라고 불러 왔으며, 제주도 특산품을 부각시키기 위해 『자바리』가 등장한 것이 아닌가 여겨지고 있다. 제주도 내에서도 아직까지 어떤 것이 맛으로 인정받았던 '다금바리' 인지는 알 수가 없지만 비싼 고급 어종으로는 2종 모두 손색이 없는 것만은 확실하다. 또한 『자바리』와 가장 닮은 물고기로 '능성어' 가 있고 이 역시 혼돈을 유발하고 있다.

형태 : 몸은 긴 타원형으로 꼬리지느러미 끝이 둥글게 나타나며 아래턱이 위턱보다 길게 나와 있다. 몸 빛깔은 다갈색 바탕에 6줄의 흑갈색 줄무늬가 나타나며, 머리 부분의 2줄은 앞쪽으로 많이 휘어져 있고 '능성어' 와는 다르게 호피 무늬를 닮았다. 또한 이 줄무늬는 성장함에 따라 점차 희미해져 나중에는 없어지는데 그 형태가 앞에서 말한 사전적 '다금바리(*N. spinosus*)' 의 모습과 매우 닮아 혼돈을 더한다. 몸길이는 약 80cm다.

생태 및 분포 : 우리나라 남해안과 제주도의 연안 바위 지역에서 주로 정착하여 생활하는데 야행성으로 저녁 무렵부터 먹이를 찾아 활동하며, 먹이로는 오징어류나 작은 물고기들을 좋아한다. 산란기는 8~10월이며, 몸길이가 3cm 이상 자라면 몸에 성체와 같은 모양의 무늬가 나타난다.

점줄우럭

점박이 물고기 점줄우럭

Order Perciformes 농어목
Family Serranidae 바리과
Epinephelus epistictus (Temminck and Schlegel, 1842) 점줄우럭
영명 : Black-spotted grouper

특징 : 『점줄우럭』은 다른 '바리과' 물고기들과 생김새가 비슷해서 혼동되기도 하지만 몸 옆으로 어두운 갈색 빛의 점들이 줄을 지어 있는 것으로 구분 할 수 있다. 식용이 가능하기 때문에 회로 먹거나 국 또는 찌개의 재료로 이용되고 있다.

형태 : 몸은 전체적으로 타원형이며 머리, 눈 그리고 입은 큰 편으로 두 눈은 다소 위쪽으로 치우쳐져 있다. 아래턱이 위턱보다 커서 앞으로 튀어나와 있으며, 꼬리지느러미는 끝이 둥그스름하다. 눈 위에서 꼬리지느러미가 시작되는 부분까지 작고 둥근 점들이 줄지어져 있으며, 그 이외에 몸과 지느러미에도 검은 얼룩이 있다. 이 얼룩은 어린 시기에서 점차 자랄수록 선명해지지만, 더 성숙하여 자라게 되면 사라진다. 몸길이는 30cm 이상 성장할 수 있다.

생태 및 분포 : 열대성 물고기로 우리나라 남해안과 제주도에서 살고 있으며, 수심 50~100m의 바위 지역이나 모래 지역에서 주로 생활한다. 먹이로는 작은 물고기를 좋아한다.

능성어

자바리, 다금바리와 혼돈되는 능성어

Order Perciformes 농어목
Family Serranidae 바리과
Epinephelus septemfasciatus (Thunberg, 1793) 능성어
영명 : Seven-banded grouper

특징 : 『능성어』는 '돌돔' 과 같이 검은색 줄무늬가 확연하게 구분되는 물고기로 마치 얼룩말 한 마리가 여유롭게 노니는 모습 같기도 하다. 특히 이 물고기는 고급횟감으로 제주도에서만 소량 어획된다는 '다금바리' 와 혼돈을 일으키는 물고기다.

형태 : 몸은 등 부분에서 배 부분까지의 몸높이가 약간 높은 타원형에 7줄의 폭넓은 자갈색 줄무늬가 특징이며, 주둥이가 크고 아래턱이 위턱보다 약간 튀어나와 있다. 몸길이가 약 50cm 이상 자라면 줄무늬가 흐려진다. 몸길이는 최대 1m까지 성장한다.

생태 및 분포 : 우리나라의 제주도와 남해 연안의 해조류가 많은 바위지역에서 주로 관찰되는데 다소 깊은 수심을 좋아하는 물고기이면서 지역적으로 크게 이동하지 않는 연안 정착성 물고기다. 산란기는 5월경으로 연안에서 산란(產卵)하며, 낚시로도 잡히기 때문에 낚시꾼들에게 인기가 많다.

세줄얼게비늘

입속에서 새끼가 부화하는 세줄얼게비늘

Order Perciformes 농어목
Family Apogonidae 동갈돔과
Apogon doederleini Jordan and Snyder, 1901 세줄얼게비늘
영명 : Fourstripe cardinalfish

특징 : 우리나라의 제주도와 독도 물속에서는 몸통에 줄무늬가 뚜렷한 작은 물고기를 쉽게 만날 수 있다. 모양은 '줄도화돔'과 매우 닮았으나, 줄무늬의 개수가 더 많은 물고기는 바로 『세줄얼게비늘』이다. 몸통에 나타나는 뚜렷한 줄무늬의 개수에 따라 혼돈을 줄 수 있지만, 『세줄얼게비늘』의 몸통에는 3개의 검은 줄무늬가 뚜렷하며, 등 부분과 배 부분에는 각각 1개식의 줄무늬가 짧고 희미하게 나타난다. 다른 동갈돔과의 어류들과 마찬가지로 수컷이 수정된 알이 부화되어 어느 정도 성장할 때 까지는 입 속에 넣어서 보호하는 부성애가 강한 물고기다.

형태 : 전체적으로 몸통은 얇고 타원형이며 꼬리 부분은 길게 뻗어 있다. 눈 지름은 주둥이 길이보다 약간 길며 등지느러미는 2개로 구분되어 있다. 몸 빛깔은 연분홍색 바탕에 3개의 검은색 줄무늬가 있으며, 등과 배 가장자리에도 짧은 검은색 줄무늬가 존재하기 때문에 총 5줄의 줄무늬가 특징적이다. 몸통의 줄무늬는 꼬리지느러미까지는 이르지 않으며, 그 끝부분에 눈 크기 정도의 검은 반점이 존재한다. 몸길이는 12cm 정도다.

생태 및 분포 : 우리나라 제주도를 포함하는 남해안 연안 바위 지역에서 주로 단독 생활을 한다.

일곱줄얼게비늘

독도까지 올라간 일곱줄얼게비늘

Order Perciformes 농어목
Family Apogonidae 동갈돔과
Apogon endekataenia Bleeker, 1852 일곱줄얼게비늘
영명 : Seven-banded cardinaifish

특징 : 『일곱줄얼게비늘』은 우리나라 바다에서 쉽게 만날 수 없는 물고기 중의 하나로 비슷한 형태의 물고기로는 '세줄얼게비늘' 이 있지만 몸에 나타나는 줄무늬 숫자가 더 많다. 『일곱줄얼게비늘』은 독도나 울릉도, 그리고 제주도와 같은 난류(暖流)의 영향을 강하게 받는 바다에서 만날 수 있는데, 특히 독도에서 만나는 『일곱줄얼게비늘』은 줄무늬가 군인들의 계급장 같아서 계급이 높은 군인을 만난 것 같은 인상을 가진다. 『일곱줄얼게비늘』은 수컷이 입속에 수정된 알을 품고 있다가 부화한 후 일정 크기까지 성장하게 되면 비로소 새끼들을 물 속 세상으로 보내게 되는데 이러한 형태의 번식 생태를 '구강부화' 라고 부르며 이는 자식들의 생존율을 조금이라도 더 높이기 위한 방책이다.

형태 : 몸은 타원형으로 꼬리 부분이 길게 뻗어 있으며 등지느러미가 2개로 확연히 구분되고 꼬리지느러미 가장자리는 안쪽으로 약간 패여 있다. 몸 빛깔은 연분홍빛 바탕에 7줄의 암갈색 줄무늬가 있고 꼬리 부분에는 검은 점이 확연하다. 몸길이는 약 10cm 정도다.

생태 및 분포 : 우리나라 남해안 및 제주도 연안 바위 지역에서 주로 생활하며 여름철에는 독도와 울릉도에서도 만날 수 있다.

점동갈돔

선글라스를 낀 점동갈돔

Order Perciformes 농어목
Family Apogonidae 동갈돔과
Apogon notatus (Houttuyn, 1782) 점동갈돔
영명 : Black-spotted cardinal fish

특징 : 『점동갈돔』은 '줄도화돔' 과 매우 닮았으나 눈 부위를 지나는 줄무늬가 짧게 끊어져 있는 것으로 구분 할 수 있다. 그 길이가 매우 짧아 마치 선글라스를 착용하고 있는 것과 닮았다.

형태 : 몸통은 얇고 긴 타원형을 보인다. 아래턱이 위턱보다 길고, 눈지름이 주둥이보다 길어 눈이 상대적으로 커 보인다. 꼬리지느러미와 몸통의 연결 부위와 눈 위의 뒤쪽에 검은 점이 존재하며, 아래턱 끝이 검고 주둥이 끝에서 눈을 지나는 검은 줄무늬가 있는 것이 특징이다.

생태 및 분포 : 우리나라 제주도의 바위지대나 산호초 주위에서 주로 관찰되며, 얕은 곳에서 무리지어 생활하는 습성이 있다. 먹이로는 주로 동물플랑크톤을 좋아하고, 크기는 10cm 정도이다.

줄도화돔

입속에서 알을 보호하는 줄도화돔

Order Perciformes 농어목
Family Apogonidae 동갈돔과
Apogon semilineatus Temminck and Schlegel, 1842 줄도화돔
영명 : Barface cardinalfish

특징 : 『줄도화돔』이라는 이름은 머리 부분에 뚜렷이 존재하는 줄과 복숭아꽃의 붉은 빛깔(도화, 挑花)이 합쳐진 것으로 이 물고기의 가장 큰 특징은 부성애가 뛰어나다는 것이다. 다른 물고기들처럼 암컷의 알과 수컷의 정자가 만나 수정이 이루어지지만, 그 수정란(受精卵)을 수컷이 입 속에 머금어 부화시키는 물고기다. 『줄도화돔』은 입 속에 수정란을 잔뜩 머금고 있다 보니, 자식들에게 신선한 물과 공기를 공급하기 위해서만 가끔 입을 벌릴 뿐, 먹이를 전혀 먹지 않기 때문에 그 부성애에 놀라지 않을 수 없다. 그 후 자식들은 성장하여 수컷의 입에서 떠나게 되면 수컷은 비로소 정상적인 생활을 하거나, 탈진해서 죽기도 한다.

형태 : 몸은 긴 타원형으로 몸에 비해 눈이 크고 눈 지름은 주둥이 길이와 비슷하다. 보통의 경우에는 위턱이 아래턱보다 짧지만 산란기에는 위턱이 길게 돌출되는 특성을 보이기도 한다. 몸 빛깔은 연분홍색 바탕에 검은색 줄무늬가 있으며, 이 줄무늬의 윗부분은 머리끝에서 시작하여 두 번째 등지느러미 중심부까지 이어지고 아래 부분은 주둥이 끝에서 시작하여 눈을 지나서 아가미뚜껑 뒷부분까지 이어져 있다. 또한 꼬리지느러미와 몸통의 연결 부위에는 검은 반점이 존재하며, 등지느러미의 끝부분도 검은색을 보인다. 몸길이는 10cm 전후다.

생태 및 분포 : 제주도를 포함하는 남해안의 외곽 도서 바위 지역에서 무리지어 생활하지만 여름철에는 난류를 따라 동해안의 울릉도, 독도, 속초 앞바다까지 올라가기도 한다.

갈전갱이

따뜻한 곳으로 돌아가지 못하면 죽어버리는 갈전갱이

Order Perciformes 농어목
Family Carangidae 전갱이과
Kaiwarinus equula (Temminck and Schlegel, 1844) 갈전갱이
영명 : White-fin crevalle

특징 : 『갈전갱이』는 '전갱이과' 물고기 중에서도 유난히 몸통이 얇고 등 부분에서 배 부분까지의 몸높이가 높은 편이어서 쉽게 구분할 수 있는데, 여름이면 내만이나 항 포구까지 들어오는 '전갱이' 와는 다른 물고기다. 『갈전갱이』의 산란기는 9~11월이며 어린 시기에는 줄무늬가 선명하게 나타나는데 이는 『갈전갱이』 새끼들이 수면에 떠다니는 모자반 아래에 은신하여 생활하는 기간 동안 포식자들로부터 자신을 보호하기 위한 보호색의 기능을 한다. 이 줄무늬는 성장하면서 점차 사라져 마침내 은빛의 매끈한 몸을 가지게 된다.

형태 : 둥근 체형에 2개의 등지느러미는 분리되어 있고 가슴지느러미는 매우 길다. '전갱이류' 의 특징인 체측의 날카로운 모비늘은 몸의 후반부에 발달하였으며, 몸 빛깔은 등 부분이 청색, 배 부분은 은백색이다. 몸길이는 최대 37cm까지 관찰된 기록이 있다.

생태 및 분포 : 『갈전갱이』는 원래 남쪽의 따뜻한 곳에서 살지만 봄이 되면 난류(暖流)를 따라 우리나라 남해안에 출현하기도 한다. 하지만 이들은 우리나라 겨울의 차가운 수온을 이기지 못하기 때문에 월동을 위하여 남쪽으로 다시 이동해 가야 하는 물고기다. 우리나라 남해안과 제주도를 비롯하여 호주 중부 연안, 홍해, 아프리카 동부 연안까지의 태평양, 인도양에 널리 분포하며 먹이로는 작은 저서동물들이나 플랑크톤들을 좋아한다.

잿방어

따뜻한 물을 좋아하는 거대 물고기 잿방어

Order Perciformes 농어목
Family Carangidae 전갱이과
Seriola dumerili (Risso, 1810) 잿방어
영명 : Amberjack, allied kingfish

특징 : 겨울에 주로 잡히는 '방어' 와 생김새가 닮은 『잿방어』는 따뜻한 물을 좋아하기 때문에 여름에 많이 잡히는 물고기이며, 우리나라에서는 '방어' 나 '부시리' 에 비하여 대형급으로 성장하기도 하지만 자주 출현하지는 않는다. '방어' 나 '부시리' 처럼 대부분 무리지어 생활하기

때문에 한 마리가 낚이면, 줄지어서 여러 마리를 낚을 수 있으며, 육질은 담백한 맛이 좋아 회나 소금구이로 많이 이용된다.

형태 : 체형은 방추형이지만 '방어' 나 '부시리' 보다 등지느러미에서 배 부분까지의 몸높이가 높은 편이고 등 부분이 자주색으로 녹색인 '방어' 나 '부시리' 와는 구분된다. 꼬리지느러미의 윗부분과 아랫부분은 깊게 패여 갈라져 있으며, 등 쪽에서 비스듬히 눈을 가로지르는 황갈색 줄무늬가 특징인데 이 줄무늬는 어린 시기에 뚜렷하고 성장하면서 희미해진다. 몸길이는 최대 2m까지 성장한다.

생태 및 분포 : 동해안과 제주도를 포함한 남해안의 수심 20~70m 부근에서 단독 혹은 무리지어 생활하며 먹이로는 다른 물고기 또는 작은 동물들을 좋아하는 육식성이다. 산란기는 5~8월이다.

부시리

바다의 사나운 폭군 부시리

Order Perciformes 농어목
Family Carangidae 전갱이과
Seriola lalandi Valenciennes, 1833 부시리
영명 : Giant yellow tail

특징 : 정약전의 《자산어보(玆山魚譜)》에서는 『부시리』를 '황어' 또는 '대사어' 라고 일컬으며 '크기가 매우 크고 전체가 황색을 띠고, 사납고 용맹스러우며 성질이 매우 급하지만 맛은 담백하다' 라고 표현하였다. 특히 물속에서 만난 『부시리』의 모습은 매우 빠르고 힘차기 때문에 '바다의 폭군' 또는 '바다의 미사일' 이라고도 불린다.

형태 : 몸은 긴 방추형으로 꼬리자루 부분이 매우 가늘게 뻗어 있으며 가슴지느러미가 배지느러미보다 다소 작고 꼬리지느러미는 노란색을 보인다. 사촌격인 '방어' 와는 생김새가 매우 유사한데 위턱 끝부분의 모서리 생김새로 구분할 수 있어서 위턱의 끝 모서리가 둥그스름하면 『부시리』, 직각이면 '방어' 다. 몸 빛깔은 등 부분이 청록색, 배 부분은 은백색을 보이며 주둥이에서 꼬리자루까지 이어지는 노란색 띠가 '방어' 보다 선명하다. 몸길이는 최대 2.5m까지 성장하며, 생김새가 비슷한 '방어' 보다는 성장이 빠른 편이다.

생태 및 분포 : 우리나라 전 연안에서 출현하며 전 세계 온대, 열대해역에 서식하고 있고 수온 18~24℃ 범위에서 주로 어획된다. 아열대어종으로 표층에서 무리지어 몰려다니지만 수심 800m에서도 확인된다. 난류(暖流)를 따라 이동하는 회유성 물고기로 산란기는 4~6월이며, 제주도 연안에서 자원량이 많다.

방어

겨울철 대표 횟감 방어

Order Perciformes 농어목
Family Carangidae 전갱이과
Seriola quinqueradiata Temminck and Schlegel, 1845 방어
영명 : Japanese amberjack

특징 : 『방어』는 횟감이나 초밥재료로 인기가 많은 고급어종으로 상업적 가치가 높다. 정약전의 《자산어보(玆山魚譜)》에서는 『방어』를 '해벽어' 또는 '배학어' 라고 표현하고는 모양이 '고등어' 와 같고, 색깔 또한 푸르지만 무늬가 없다고 했다. 또한 몸이 뚱뚱하고 고깃살은 무르며 큰 바다에 서식하기 때문에 해변 가까이로는 접근하지 않는다고 표현했다. 겨울철이 되면 지방함량이 높아져 고소하고 감칠맛이 뛰어난 겨울철 대표 횟감으로 인기가 높지만 봄과 여름에는 몸속에 기생충이 생기기 때문에 먹지 않는 것이 좋다.

형태 : 몸은 긴 방추형이고 뒷지느러미 앞쪽에는 2개의 분리된 작은 가시가 있다. 몸의 중앙부에는 희미한 노란색의 줄무늬를 가지고 있으며,

등 부분은 청록색, 배 부분은 은백색을 보인다. '부시리'에 비해 위턱의 모서리가 각을 이루며 가슴지느러미와 배지느러미의 크기는 거의 유사하다. 몸길이는 약 1.2m까지 성장한다.

생태 및 분포 : 온대성 어류로 쿠로시오 해류와 쓰시마 해류의 영향권인 우리나라 제주도 근해에 특히 많이 출현한다. 봄과 여름에는 어린 방어가 먹이를 찾기 위해 북쪽으로 이동하며, 가을과 겨울에는 산란을 위해 남쪽으로 내려오는 이동경로를 보인다. 산란기는 2~6월로 먼 바다에서 부유성 알을 낳으며, 수명은 8년으로 주로 밤에 활동한다. 부화 후 1년 동안 40cm, 4년이 되면 80cm 정도 자란다.

전갱이

맛이 있어 '아지'라 불리는 전갱이

Order Perciformes 농어목
Family Carangidae 전갱이과
Trachurus japonicus (Temminck and Schlegel, 1844) 전갱이
영명 : Horse mackerel

특징 : 이 물고기의 어린새끼들은 '고등어' 와 함께 여름철 얕은 연안으로 몰려오기도 하여 동・남해안의 항, 포구에서 쉽게 잡을 수 있다. '고등어' 와 마찬가지로 성질이 급하여 물 밖으로 나오면 금방 죽어버리지만 자원량이 풍부하여 한겨울을 제외하고는 연중 낚시를 즐길 수 있다. 여름철이 되면 몸에 기름기가 많아져 『전갱이』의 맛이 절정에 달하는데 우리나라에선 『전갱이』가 '고등어' 에 밀려 대접을 못 받기도 하지만, 일본에서는 '진짜 맛이 있는 고기' 란 뜻으로 '마아지' 라 부르며 양식도 하고 생선 횟감으로 인기가 매우 높다. 한 여름 껍질을 벗겨 포를 뜬 후 얼음물에 살짝 담갔다가 얇게 썰어서 먹는 '전갱이 회' 는 일미라 할 수 있다.

형태 : 등 부분에서 배 부분까지의 몸높이가 낮은 긴 방추형으로 매우 날렵하게 생겼으며, '고등어' 와 함께 몰려다니기도 하여 고등어 사촌이라고도 한다. 옆줄 위에는 '모비늘' 이라고 하는 날카로운 가시가 발달되어 있는 것이 특징이며, 토막지느러미가 없고 항문 뒤에 2개의 강하고 짧은 가시를 가지고 있다. 몸 빛깔은 녹청색 바탕에 배 부분은 은백색으로 꼬리지느러미는 다소 검은 편이지만 나머지 지느러미는 투명하다. 몸길이는 최대 40cm까지 성장한다.

생태 및 분포 : 우리나라 전 연안의 중층과 저층에서 주로 유영 생활을 하며, 먹이는 주로 육식성으로 다른 물고기를 비롯한 새우류를 좋아한다. 부화 후 1년 동안 15cm 이상 자라고, 3년이 되면 30cm까지 자란다.

벤자리

여름 물고기 벤자리

Order Perciformes 농어목
Family Haemulidae 히스돔과
Parapristipoma trilineatum (Thunberg, 1793) 벤자리
영명 : Threeline grunt

특징 : 여름이 되면 남해안에는 『벤자리』라는 예쁜 물고기가 손님으로 찾아오는데 일정시기가 되면 제주도에서 '다금바리(표준명 자바리)'와 견줄 만큼 맛이 좋다고 소문이 나 인기가 높다. 특히 우리나라에선 『벤자리』를 여름철에만 볼 수 있기 때문에 더욱 귀하게 여기고 인기가 높은지도 모른다. 하지만 이 물고기는 순한 모습과는 달리 성질이 급해 잡혀서 조금만 살려두려 하면 오래 살지 못하고 금방 죽어버리며 또 죽은 다음에는 살이 쉽게 물러지고 독특한 냄새가 나기도 하면서 그 맛이 현격히 떨어진다. 살아있을 때는 '돌돔' 과도 견줄 수 있는데 말이다.

형태 : 몸은 긴 원통형으로 통통한 편이며 꼬리지느러미 가장자리는 안

쪽으로 패여 있고 어릴 때는 옆줄을 기준으로 3개의 노란 줄무늬가 머리부터 꼬리지느러미까지 이어져 있다. 이는 성장함에 따라 희미해지거나 사라지고 몸 빛깔은 등 부분이 회색, 배 부분은 연한 빛을 띤다. 몸길이는 최대 40cm까지 성장한다.

생태 및 분포 : 어릴 때는 주로 얕은 바다의 해조류가 무성한 지대와 모래 바닥의 경계 부분에서 무리를 지어 생활하며, 연안의 약간 깊은 곳에 머물다가 밤이 되면 수면 가까이로 올라오는 수직이동을 한다. 난류성 물고기로 여름철 남해안과 제주도, 경남 홍도에 자주 출현하며 새끼들은 난류(暖流)를 타고 울릉도와 독도 연안까지 북상하기도 한다. 먹이로는 동물성 플랑크톤이나 작은 물고기들을 좋아하고 산란기는 6~9월이다. 부화 후 1년 동안 12cm, 4년이 되면 약 30cm가량 자란다.

감성돔

다이내믹한 낚시 대상어 1호 감성돔

Order Perciformes 농어목
Family Sparidae 도미과
Acanthopagrus schlegeli (Bleeker, 1854) 감성돔
영명 : Black porgy, black sea bream

특징 : 정약전의 《자산어보(玆山魚譜)》에서는 『감성돔』을 '도미과' 물고기 중에서 가장 검은 빛을 띠고 있다고 하여 '흑조' 라고 적고 있으며, 오늘날 전남에서는 '비덕(어린새끼)', '감상어', 부산에서는 '감

시', '감생이', 강원도에선 '남정바리(어린새끼)' 등의 이름으로 부르고 있다.

『감성돔』은 비늘의 금속성 광택으로 인해 물속에서 반짝거리게 되는데 그 형체가 힘차고 아름답다. 또한 '참돔'과 함께 주로 횟감으로 인기가 높은데 '참돔'보다 살이 단단하여 더 좋아하는 이들이 많을 뿐만 아니라 특히 우리나라 낚시꾼들 사이에서 인기 1위는 단연 『감성돔』이다. 『감성돔』은 그물을 피할 줄 아는 매우 영리한 물고기로 알려져 있으며, 조류에 민감한 반응을 보이는데 조류의 흐름이 빠르면 활발히 움직여서 먹이를 찾고 조류가 느리면 움직임도 둔해지면서 먹이 활동도 줄어든다.

형태 : 몸은 타원형으로 몸높이가 높으며 금속성 광택을 띠는 은회색 비늘과 불분명한 검은 줄무늬를 가진다. 주둥이는 다소 돌출되어 있으며, 등지느러미의 강한 가시가 인상적이다. 몸길이는 최대 60~70cm까지 성장한다.

생태 및 분포 : 우리나라 전 연안의 해조류가 무성하고 바위, 사니질 바닥 등 다양한 서식 조건에서 살고 있으며 어린 개체들은 바닷물과 민물이 섞여 있는 강어귀에도 출현한다. '참돔'보다는 연안성이 강하며 계절에 따라 남북으로 이동하는 무리도 있으며 봄에는 만이나 얕은 연안으로 몰려와 산란(産卵)하고 겨울철에는 수심 깊은 곳이나 남쪽 바다로 이동하여 월동을 한다. 먹이로는 조개나 갯지렁이 등을 좋아하지만 때로는 수박껍질, 곡식 낱알 등도 먹을 수 있는 잡식성을 보인다. 산란기는 4~6월이며 남해안에서는 고성만, 여자만, 득량만 등 수심이 얕은 만으로 몰려와 산란(産卵)을 한다. 『감성돔』은 성전환을 하는 물고기로서, 1년생의 경우 대부분 수컷이지만, 이후 성장하면서 암컷이 출현하는데 4~5년생부터는 대부분 암컷으로 변한다.

참돔

바다의 미녀 참돔

Order Perciformes 농어목
Family Sparidae 도미과
Pagrus major (Temminck and Schlegel, 1843) 참돔
영명 : Genuine porgy, Red sea bream

특징 : 우리나라 물고기 이름 중에는 '돔' 자가 붙어 있는 물고기들이 많다. 여기서 '돔' 이라는 글자는 지느러미 중 딱딱한 가시를 뜻하며 이를 가진 물고기들은 대부분이 낚시꾼들이나 스쿠버다이버들에게 인기가 좋고 고급 수산어종이 많다.

특히 『참돔』은 진짜라는 의미를 가지는 '참' 자를 붙여서 '돔' 중에서도 으뜸이란 뜻을 가지며 찜요리를 했을 때 머리 부분의 맛이 특히 뛰어나다고 해서 '어두일미(魚頭一味)' 의 주인공이기도 하다. 이렇게 인기가 높은 『참돔』은 오래전부터 양식 기술이 발달하여 대량종묘 생산이 가능하고 방류 사업도 해 오고 있다.

형태 : 몸은 타원형으로 등 쪽 윤곽이 둥글고 몸 빛깔은 산란기를 제외하면 밝은 선홍색을 띠지만 배 부분은 은백색이다. 눈가와 배지느러미, 뒷지느러미 일부분은 코발트색이며 몸에도 작은 코발트색 반점들이 흩어져 반짝거리는 것이 매우 아름답다. 꼬리지느러미는 위아래가 깊게 갈라져 있으며, 가장자리는 검은색이다. 몸길이는 최대 1m까지 성장한다.

생태 및 분포 : 우리나라 전 연안에 분포하여 쉽게 만날 수 있는 물고기이며 어린 시기에는 연안 얕은 곳의 해조류나 바위 지역에서 생활하다가 다 자라게 되면 수심이 깊은 곳으로 이동한다. 주로 봄철에 산란(產卵)하며, 겨울철에는 남쪽 바다 깊은 수심에서 월동한다. 부화 후 1년 동안 10cm 이상 자라며, 40cm 이상 자라기 위해서는 약 8년이 걸린다.

줄갈돔

갈색 계통의 돔 줄갈돔

Order Perciformes 농어목
Family Lethrinidae 갈돔과
Lethrinus genivittatus Valenciennes, 1830 줄갈돔
영명 : Threadfin emperor

특징 : '갈돔' 이라는 이름은 아마 몸 빛깔이 갈색 계통을 가지기 때문으로 생각되는데 이는 '참돔' 의 화려한 색이나 '감성돔' 의 반짝거리는

회백색과는 비교 될 수 있는 하나의 기준이 된다. 또한 『줄갈돔』은 무엇이든 닥치는 대로 먹어치우는 식성을 갖고 있다하여 청소부라는 별명을 가지고 있다. 갈돔류는 몸이 타원형으로 '참돔' 이나 '감성돔' 과 닮았으나 주둥이가 돌출되어 있는 것이 특징이다.

형태 : 갈돔류 중에서 『줄갈돔』은 머리의 높이와 몸통의 높이가 거의 유사하다. 몸 빛깔은 초록색을 보이는 자갈색에 배 부분은 연하고 너비가 좁은 노란색의 줄무늬가 있으며 아가미 뒤쪽에는 눈 크기의 검은 반점이 있다. 양쪽 턱에는 매우 작은 원추형 이빨이 있다. 몸길이는 최대 25cm 정도다.

생태 및 분포 : 산란기는 6~8월경으로 탐식성이 강한 육식성으로 갯지렁이류나 조개류, 갑각류 등 다양한 먹이를 좋아하며, 이렇게 탐식성이 강한 식성은 돌출형의 입모양에서도 쉽게 느낄 수 있다. 우리나라 동해와 제주도를 포함하는 남해안의 해조류가 많은 모래 및 바위 지역에 주로 생활한다.

수조기

황금지느러미 수조기

Order Perciformes 농어목
Family Sciaenidae 민어과
Nibea albiflora (Richardson, 1846) 수조기
영명 : Yellow drum

특징 : 『수조기』는 '민어' 나 '참조기' 등과 사촌격인 물고기로 다른 민어과 물고기에 비해 자원량이 많지 않고 모습과 맛은 '참조기' 를 닮았으나 크기는 '민어' 만큼 크기 때문에 고급으로 여겨지는 물고기다. 명절에는 제사상에 자주 오르기도 하고 낚시꾼들은 한여름 밤에 『수조기』가 내는 '뽀옥뽀옥' 소리에 월척을 꿈꿀 수 있다고 한다.

형태 : 몸은 긴 방추형으로 주둥이 끝이 둥글고 위턱이 아래턱보다 앞으로 돌출되어 있다. 아래턱 아랫면에는 5개의 구멍이 있으며, 꼬리지느러미 뒤 가장자리는 뾰족한 삼각형을 이룬다. 몸 빛깔은 등 부분은 회색, 배 부분은 노란빛을 보이며, 등에서 앞쪽으로 비스듬한 흑갈색의 점들이 줄지어져 있는 것이 특징이다. 또한 각 지느러미는 노란빛이 강하여 황금색으로 느껴진다. 몸길이는 약 45cm다.

생태 및 분포 : 우리나라 서해안과 남해안의 개펄 또는 모래 지역에 주로 생활한다. 산란기는 4~7월이며 계절 회유를 하는데 수온이 내려가는 가을에는 제주도 인근으로 남하하여 월동하고 봄이 되면 북쪽으로 이동한다. 먹이로는 주로 새우류, 게류, 어류 등을 좋아한다.

참조기

자린고비 전설의 굴비 참조기

Order Perciformes 농어목
Family Sciaenidae 민어과
Larimichthys polyactis (Bleeker, 1877) 참조기
영명 : Yellow croaker

특징 : 매년 명절 때가 되면 비싼 값에 거래되는 '굴비 선물 세트' 를 보게 되는데 워낙 비싼 값에 거래되다 보니 '가짜 굴비' 가 등장하기도 한다. '굴비 선물 세트' 가 비싼 값에도 불구하고 인기가 높은 것은 맛이 뛰어나기 때문인데 이 '굴비' 는 『참조기』를 소금에 절여서 통째 말린 것을 말한다. 그 짭짤한 맛이 워낙 뛰어나다보니 자린고비 영감이 굴비 한 마리를 사서 천정에 매달아 놓고 식구들에게 밥 한 수저 떠먹고 굴비를 한 번씩만 쳐다보게 하였는데 아들이 어쩌다가 굴비를 두 번 쳐다보니 구두쇠영감이 "얼마나 물을 켜려고 그러느냐?" 하고 아들을 야단쳤다는 우스개 이야기도 만들어졌다.

형태 : 몸은 긴 타원형으로 주둥이가 짧고 앞쪽은 둥글며 아래턱이 위턱보다 다소 길게 뻗어 있다. 몸 빛깔은 등 부분이 회색, 배 부분은 황금색을 보이며 모든 지느러미는 연한 노란색, 입술은 붉은색을 보인다. 몸길이는 약 40cm 이상 자라지만 보통 20~30cm의 것이 흔하다.

생태 및 분포 : 우리나라 수심 120m 미만의 모래 바닥이나 개펄 지역에서 주로 생활하고 산란기는 3~6월이다. 겨울에는 남쪽으로 이동하여 겨울을 나고, 봄에 다시 북쪽으로 이동하여 산란(産卵)하는데 산란장에 모여 개구리 울음소리와 비슷한 소리를 내거나 물 위로 튀어 올라오는 습성이 있다. 우리나라에서는 산란장인 연평도, 영광 부근 해역에서 많이 잡혔으나 최근에는 제주도 남서해역에서 겨울을 나는 『참조기』를 대량으로 남획하기 때문에 산란을 위해 황해로 올라오는 어군의 수가 급격히 줄었을 뿐 아니라 크기도 작아졌다. 먹이로는 동물성 플랑크톤과 작은 물고기를 좋아한다.

민어

백성의 물고기 민어

Order Perciformes 농어목
Family Sciaenidae 민어과
Miichthys miiuy (Basilewsky, 1855) 민어
영명 : Brown croaker

특징 : 『민어』는 예부터 '백성의 물고기' 라는 의미로 불렸으며, 영양이 풍부하여 '바다의 쇠고기' 로 예부터 삼복더위를 극복하기 위한 보신용 음식이었을 뿐만 아니라 제사상에도 오르는 귀하신 몸으로 취급되어 왔다. 『민어』가 제사상에 올라간 이유는 '참조기' 와 '부세' 에 비해 대형종이고 귀한 물고기였기도 하지만 주 어획기가 서해안에서는 8~9월, 남해안에서는 1~2월로 각각 추석과 구정 전후였기 때문에 제사상에 오르는 물고기로 자리 잡을 수 있었을 지도 모른다.

『민어』는 동중국해에서 겨울을 보내고 산란(產卵)을 위하여 서해안으로 회유해 오는데, 최근에는 자원량이 많이 줄어들어서 고급 횟집에서는 매우 비싼 몸값으로 거래되고 있다. 민간인에 의하여 시작된 『민어』

양식기술은 상당한 진전이 있었고 최근 국공립 연구기관에서도 종묘 생산 및 양식기술 개발에 힘을 기울이고 있으므로 아마 가까운 미래에 『민어』를 싱싱한 활어 상태로 쉽게 만날 수 있을 것으로 기대된다.

형태 : 머리 부분은 납작하고, 긴 원통형 몸을 가진 『민어』는 민어과 어종 중에서는 가장 큰 종으로 1m 가까이 되는 몸집에 커다란 비늘이 온몸을 덮고 있어 위풍당당한 모습이 매혹적이며 주둥이 끝은 뭉툭한 형태로 붉은 빛을 띤다. 몸 빛깔은 짙은 회색 또는 암갈색이며, 배 부분은 흰색에 가깝다. 몸길이는 최대 90cm 이상 성장할 수 있다.

생태 및 분포 : 우리나라 서해와 남해, 동중국해에서 남중국해까지의 100m 전후의 깊은 수심대 뻘 바닥에서 주로 생활하고 먹이로는 새우와 같은 동물들을 좋아한다. 산란기는 9~10월이다.

보구치

백조기 낚시의 보구치

Order Perciformes 농어목
Family Sciaenidae 민어과
Pennahia argentata (Houttuyn, 1782) 보구치
영명 : White croaker, silver jewfish

특징 : 『보구치』는 낚시꾼들에게 '백조기' 라고 불리며 분포 범위가

매우 넓고 자원량이 많기 때문에 인기가 높다. 하지만 다른 '조기류' 에 비해 맛은 떨어지는 편으로 비싼 값에 거래되는 '참조기' 와 생김새가 닮아 가짜 '굴비 선물 세트' 로 둔갑하기도 하다.

형태 : 몸은 긴 타원형으로 등 부분에서 배 부분까지의 높이가 높은 편이다. 입은 크고 약간 위로 경사져 있으며 주둥이 끝이 둥글게 나타난다. 몸 빛깔은 등 부분이 은회색, 배 부분이 은백색으로 아가미뚜껑에는 검은 반점이 1개 갖는 것이 특징이며 꼬리지느러미는 바깥쪽으로 낮은 삼각형을 이루고 모든 지느러미는 투명하다. 몸길이는 약 50cm 정도다.

생태 및 분포 : 우리나라 서해와 남해 연안의 수심 20~140m인 모래 바닥에서 주로 생활하며 겨울철에는 제주도 남방해역에서 월동하는데 산란기는 5~8월로 큰 부레를 움직여 높고 큰 소리를 낸다고 한다. 수명은 약 10년 정도이다.

두줄촉수

긴 수염을 가진 물고기 두줄촉수

Order Perciformes 농어목
Family Mullidae 촉수과
Parupeneus spilurus (Bleeker, 1854) 두줄촉수
영명 : Japanese goatfish

특징 : 물고기 이름 중에 '촉수'라는 글자가 들어가 있으면 턱 밑에 1쌍의 촉수를 가지는 물고기다. 이 촉수는 아래턱에 1쌍이 양 갈래로 뻗어 있는데 물고기는 이 촉수를 이용해서 맛을 느낄 수 있고 바닥을 더듬거리며 먹이를 찾는다. 『두줄촉수』의 촉수는 노란색을 보이며 그 촉수로 바위에 지탱하는 모습을 보고 있자면 작은 앞발을 이용해 엎드려뻗쳐 있는 모습과 흡사하다.

형태 : 몸은 긴 편이며 단면은 반원형이다. 입술은 두껍고, 아래턱에 육질의 촉수 1쌍이 존재한다. 몸 빛깔은 황적색을 보이고 폭넓고 옅은 갈색의 줄무늬 3줄이 주둥이에서 몸통 중앙부까지 나타난다. 또한 꼬리와 몸통의 연결 부위에는 검은색 점이 있으며, 그 앞에 흰색 점이 또 존재한다. 몸길이는 50cm까지 성장한다.

생태 및 분포 : 우리나라 제주도 연안 바위 지역에 주로 생활한다.

노랑촉수

노란색 수염을 가진 노랑촉수

Order Perciformes 농어목
Family Mullidae 촉수과
Upeneus japonicus (Houttuyn, 1782) 노랑촉수
영명 : Yellowfin goatfish

특징 : 물고기 이름 중에 '촉수' 라는 글자가 들어가 있으면 턱 밑에 1쌍의 촉수를 가지는 무리인데 마치 아버지의 수염을 닮았다. 이 촉수로 맛을 느낄 수 있고 바닥을 더듬거려서는 먹이를 찾는 '두줄촉수' 와 같다. 물고기는 물속을 여유롭게 헤엄쳐 다니는 모습이 일반적이지만, 촉수류 물고기들은 바닥을 기어 다니기도 한다.

『노랑촉수』는 바닥에서 턱수염 같은 노란색의 촉수를 더듬거리며 바닥을 기어 다니고 이 촉수에는 감각세포가 발달되어 있어 군사용 레이더 같은 역할을 담당하는데 이것을 펄이나 모래 속에 넣어 주로 새우류 등과 같은 저서동물을 찾아서 먹는다.

형태 : 몸은 긴 원통형으로 등지느러미와 꼬리지느러미에는 2~3줄의 붉은 색 띠가 있고 전체적인 몸 빛깔은 선홍색을 보여 매우 예쁜 물고기다. 몸길이는 최대 20cm까지 성장한다.

생태 및 분포 : 우리나라 서해 남부와 제주도 연안의 모래 바닥에서 생활하고 먹이로는 주로 새우류 등의 작은 갑각류를 먹는다. 산란기는 5~11월이다.

주걱치

산호밭에 모여 사는 열대어 주걱치

Order Perciformes 농어목
Family Pempheridae 주걱치과
Pempheris japonica Döderlein, 1883 주걱치
영명 : Blackfin sweeper

특징 : 제주 바다 속 연산호가 우거진 바위틈이나 바위 아래엔 눈망울이 유난히도 큰 『주걱치』들이 큰 무리를 지어 살고 있다. 연산호의 화려한 색체와 안전함까지 어우러진 보금자리는 다른 물고기들에게 부러움의 대상이 아닐까 생각된다.

형태 : 몸높이는 등지느러미 있는 곳에서 가장 높고 꼬리지느러미 바로 앞부분은 가늘어져 있으며, 전체적으로 둥그스름한 형태다. 이러한 모습이 마치 밥주걱을 연상시키기 때문에 『주걱치』라는 이름이 붙은 듯하다. 눈은 매우 크고 주둥이는 매우 짧으며 입은 위쪽으로 비스듬하게 열린다. 꼬리지느러미는 끝이 오목하게 패여 있으며, 몸 빛깔은 흑갈색 바탕에 지느러미는 검은 빛을 보인다. 몸길이는 18cm 전후까지 성장한다.

생태 및 분포 : 우리나라 남해안과 제주도에서 호주 북부 연안까지 분포하는 열대어종으로 제주도 서귀포 연안에선 바위 아래에 무리지어 생활하고 있는 『주걱치』 무리를 언제든지 만날 수 있다. 어두운 곳을 좋아하는 습성 때문에 낮에는 굴속에 숨어 지내다가 밤에 먹이를 찾아다니는 야행성 물고기다.

세동가리돔

바다 속의 나비 세동가리돔

Order Perciformes 농어목
Family Chaetodontidae 나비고기과
Chaetodon modestus Temminck and Schlegel, 1844 세동가리돔
영명 : Brown-banded butterfly fish

특징 : 연안의 산호초들은 어린 물고기나 크기가 작은 물고기들에게 보금자리를 제공하며 산호초 사이에서 화려한 색체로 멋을 한껏 부리는 '나비고기과' 의 물고기들은 황홀한 모습을 선사한다. 제주도 연안에서 만난 『세동가리돔』은 선명한 노란빛으로 스쿠버다이버들을 유혹하고 우리들은 연신 카메라 셔터를 누르기에 바빴으며, 거친 조류에 맞서는 모습에서는 날갯짓하는 나비의 형상이 떠오르기도 하였다. 『세동가리돔』은 주행성으로 산호초 속에서 암수 짝을 이루어 세력권을 형성하며, 크기는 작지만 자신들의 영역에 침입하는 것에 대해서는 용맹하게 맞

선다.

형태 : 몸은 전체적으로는 마름모꼴의 형태로 주둥이는 뾰족하고 눈의 앞쪽 머리 부분 외곽석이 오목하게 들어가 있어 주둥이가 더욱 돌출되어 있는 것처럼 보인다. 몸 빛깔은 흰색 바탕에 폭넓은 3줄의 노란색 줄무늬가 특징적인데 맨 앞의 줄무늬는 폭이 다소 좁으며 눈을 지나고, 세 번째 줄무늬에는 눈보다 조금 큰 검은색 둥근 점이 있다. 또한 주둥이 끝은 노란색이며, 배지느러미의 안쪽은 검은색을 보인다. 몸길이는 약 20cm 정도다.

생태 및 분포 : 우리나라 남해와 제주도의 모래 바닥에서 주로 생활하며, 산란기는 봄에서 여름철까지다.

청줄돔

천사만큼 예쁜 청줄돔

Order Perciformes 농어목
Family Pomacanthidae 청줄돔과
Chaetodontoplus septentrionalis (Temminck and Schlegel, 1844) 청줄돔
영명 : Blue-lined angelfish

특징 : 제주도 남부 연안 산호초 주변에는 화려한 열대어종들이 많이 생활하고 있는데 『청줄돔』은 생김새가 화려하여 주위 암반과 잘 어울리기 때문에 스쿠버다이버들에게 인기가 높은 물고기다. 제주도 바다 속은 맑고 청정하여 색체의 선명함이 뚜렷하기 때문에 『청줄돔』의 아

름다움은 더욱 눈에 띄는데 영어권에서는 『청줄돔』을 천사라는 뜻을 가진 'angel' 과 물고기의 'fish' 가 합쳐져서 'angelfish' 라고 부른다.

형태 : 『청줄돔』의 몸은 둥근 타원형으로 등지느러미와 뒷지느러미는 뒤쪽 가장자리가 둥글게 펴져 있으며 아가미의 뒤 아래가장자리에 날카로운 1개의 강한 가시를 가지고 있는 것이 특징이다. 몸 빛깔은 황갈색 바탕에 10개 정도의 푸른색 줄무늬가 발달되어 있으며, 꼬리는 매우 짙은 노란색을 보여 아름다움을 더한다.

어릴 때는 어미와 완전히 다른 색을 보이는데 전체가 검은색이고 머리 뒤쪽으로 1개의 선명한 노란색 줄무늬가 있으며 각 지느러미의 가장자리와 꼬리지느러미가 노란색을 보인다. 이러한 아름다운 겉모습과는 다르게 몸은 꺼칠꺼칠하다. 몸길이는 최대 25cm다.

생태 및 분포 : 우리나라 제주도를 포함하는 남해안과 일본 중부이남에서 필리핀, 인도네시아에 이르는 열대바다까지 널리 서식하는 열대어종으로 어린 개체들은 난류(暖流)를 따라 동해의 독도까지 이동하며 주로 산호초나 바위 지역에서 생활한다.

육동가리돔

노란 날개가 아름다운 육동가리돔

Order Perciformes 농어목
Family Pentacerotidae 황줄돔과
Evistias acutirostris (Temminck and Schlegel, 1844) 육동가리돔
영명 : Banded boarhead

특징 : '돌돔' 을 닮은 무늬에 부채처럼 커다란 노란 지느러미를 펴고 몰려다니는 『육동가리돔』은 화려한 지느러미 색과 천사같이 우아한 몸짓으로 이곳이 마치 열대의 바다 속이 아닌가 착각을 불러일으키기에 충분하다.

형태 : 몸은 배 부분에 비해 등 쪽이 높게 솟아 있어 전체적으로 삼각형을 이룬다. 양 턱의 길이는 유사하며 입은 뾰족하게 나와 있고 아래턱 밑에 짧은 수염이 있다. 등지느러미는 매우 길고 꼬리지느러미의 뒤 가장자리는 약간 오목하다. 몸 빛깔은 연한 황색을 보이며 6개의 흑갈색 줄무늬가 특징으로 배지느러미를 제외하면 지느러미들은 아름다운 노

란색이다. 몸길이는 최대 90cm까지 성장하는 대형 물고기이지만 연안에서는 40cm 전후 크기를 종종 만날 수 있다.

생태 및 분포 : 대만 연안과 남반부의 호주, 뉴질랜드의 온대 해역에 서식하는 온대성 어종으로 우리나라 제주도와 남해안 연안에서는 수심 200m까지 서식하고 바위와 모래 지역에서 생활하지만 바위가 많은 곳도 좋아한다.

긴꼬리벵에돔

쿠로시오해류와 함께하는 긴꼬리벵에돔

Order Perciformes 농어목
Family Kyphosidae 황줄깜정이과
Girella melanichthys (Richardson, 1846) 긴꼬리벵에돔
영명 : Small scale blackfish

특징 : 우리나라에서 주로 출현하는 '벵에돔' 에는 일반적으로 알려진 '벵에돔' 과 이번에 소개할 『긴꼬리벵에돔』이 있다. 『긴꼬리벵에돔』은 '벵에돔' 과 외모가 유사하여 오랫동안 '벵에돔' 으로 취급되어 왔다. '벵에돔' 은 많은 지역에서 낚시꾼들에게 쉽게 잡히는 물고기인 반면에 『긴꼬리벵에돔』은 일반 '벵에돔' 보다 더 따뜻한 수온을 좋아하는 아열대성 물고기로 우리나라 남방 일부 지역에서만 주로 관찰되며, 주로 쿠로시오 해류가 닿는 지역에서만 볼 수 있다. 대표적인 곳이 독도와 제주도이며, 실제 수산시장이나 횟집에선 거의 보기 힘든 최고급 물고기다.

형태 : 『긴꼬리벵에돔』의 몸은 등 부분에서 배 부분까지의 몸높이가 약간 높은 난형으로 주둥이 끝이 약간 둥글고 양턱의 길이가 비슷하다. '벵에돔' 과 외모가 유사하지만 꼬리지느러미가 제비꼬리처럼 뒷부분이 안쪽으로 패여 있어서 윗부분과 아랫부분의 구분이 확실하고, 그 끝이 뾰족하다. 이밖에도 아가미뚜껑 뒷부분이 검고, 각 비늘에 검은 점이 없는 것이 특징이다. 몸 빛깔은 전체적으로 회흑색을 보이며, 배는 은백색을 보인다. 몸길이는 최대 70cm까지 성장한다.

생태 및 분포 : 제주도를 포함한 남해 일부 지역과 독도에서 관찰되며, 특히 제주도 연안에 자원량이 많다. 산란기는 11~12월이다.

벵에돔

귀한 물고기 벵에돔

Order Perciformes 농어목
Family Kyphosidae 황줄깜정이과
Girella punctata Gray, 1835 벵에돔
영명 : Large scale blackfish

특징 : 『벵에돔』은 검은 몸 빛깔로 인하여 '흑돔' 이라고도 불리며 과거에는 일반인들이 자주 접하기 어려운 물고기였기 때문에 잡어 취급하였을 때도 있었지만 독특한 생김새와 낚시 대상어로서의 '파이팅' 이 뛰어나 바닷가에선 꾸준한 인기를 누려온 물고기다. '돔의 4대 천왕' 이라 하여 낚시 대상어로 인기 있는 물고기들은 '감성돔' , '참돔' , '돌

돔' 그리고 『벵에돔』을 말하며 최근 '벵에돔 낚시'가 유행하면서 낚시 기술과 맛에 대한 관심이 높아졌다.

『벵에돔』은 따뜻한 물을 좋아하는 난류성 물고기로 여름철에 많이 잡히지만, 산란(産卵)을 위하여 연안으로 이동하는 큰 개체들은 늦가을부터 이른 봄 사이에 많이 잡히며, 맛도 겨울에 가장 좋다.

형태 : 등 부분에서 배 부분까지의 몸높이가 다소 높으며, 난형의 몸을 가진다. 주둥이 끝은 다소 둥근 편이며 입이 작고 양 턱에는 끝이 세 갈래로 갈라진 작은 이빨이 촘촘하게 존재하는데 이는 해조류를 갉아먹는데 매우 유리한 구조다. 꼬리지느러미 뒤 가장자리는 안쪽으로 조금 패여 있으나 거의 일직선에 가까우며 몸 빛깔은 전체적으로 청흑색, 배 부분은 은백색을 보이고 비늘마다 검은 점들이 하나씩 존재해 전체적으로는 검게 보인다. 몸길이는 최대 60cm에 달한다.

생태 및 분포 : 우리나라 동해와 제주도를 포함하는 남해의 바위 지역에 주로 생활하며, 어린 새끼들은 조수 웅덩이에서도 볼 수 있다. 먹이로는 갯지렁이나 작은 물고기들을 좋아하며, 겨울에는 해조류를 갉아먹기도 한다. 산란기는 2~6월이다.

범돔

호랑이 무늬가 가진 범돔

Order Perciformes 농어목
Family Kyphosidae 황줄깜정이과
Microcanthus strigatus (Cuvier, 1831) 범돔
영명 : Stripey, footballer

특징 : 제주도에서 남해, 울릉도 그리고 독도에 이르는 맑은 바다 속에는 아름다운 물고기들이 많지만 『범돔』은 그 중 으뜸이라 할 만한 물고기다. 『범돔』이란 이름은 노란색 바탕에 검은 줄무늬가 비스듬하게 그어져 있는 것이 호랑이를 닮았다고 하여 붙여졌다. 하지만 이름과는 달리 손바닥 크기의 『범돔』 무리가 물속에서 이리 저리 몰려다니는 모습은 호랑이와는 전혀 다른 아름답게 느껴지며 관상용으로 집에 있는 수족관에서 키워 보고 싶은 생각에 사로잡히게 된다.

형태 : 등 부분에서 배 부분까지의 몸높이가 높으며, 머리 부분에서 꼬리 부분까지의 길이가 짧아 전체적으로 마름모꼴 형태의 몸을 가진다. 머리의 윗부분은 다소 오목하게 패여 있으며, 주둥이는 뾰족하고 양 턱의 길이도 비슷하다. 몸길이는 최대 20cm까지 성장한다.

생태 및 분포 : 우리나라에서 호주 중남부까지 서식처가 넓은 열대어종을 알려져 있으며, 우리나라에서는 동해와 남해의 연안 바위 지역에서 주로 생활하고 어린 시기에는 조간대나 모래 연안 얕은 곳에 무리 지어 몰려다닌다. 먹이로는 주로 작은 동물들을 좋아한다.

돌돔

갯바위의 제왕 돌돔

Order Perciformes 농어목
Family Oplegnathidae 돌돔과
Oplegnathus fasciatus (Temminck and Schlegel, 1844) 돌돔
영명 : Rock bream, striped beakperch

특징 : 물고기 이름 중 '돔' 자가 들어가는 종들은 예부터 고급 어종으로 취급되어 왔다. '썩어도 돔' 이라는 말을 가진 '참돔' 처럼 『돌돔』도 '갯바위의 제왕' 이란 별명을 갖고 있다. 우리나라에서 가장 많은 낚시팬을 가진 돔으로는 단연 '감성돔' 이지만 『돌돔』은 멋진 생김새와 상상을 초월하는 힘과 파이팅으로 갯바위에서 만날 수 있는 물고기 중에서는 최고의 힘을 인정받고 있다. 먼 눈 팔다가 바다로 끌려들어간 사람들의 경험담들이 전해져 내려오면서 '제왕' 이란 이름까지 붙여졌으며 힘뿐만 아니라 맛에 있어서도 단단한 육질과 고소한 맛이 좋아 횟감으로 단연 최고라고 할 만하다.

이름처럼 이 물고기는 주로 바위 지대에 서식하며, 일본에서도 돌을 뜻하는 '이시(石, いし)' 와 도미를 뜻하는 '다이(鯛, たい)' 가 합쳐서 '이시다이(いしだい)' 라고 불린다. 어린 시기에는 주로 떠다니는 해조류 아래에서 플랑크톤을 먹이로 하다가 어느 정도 성장하게 되면 바위들이 발달한 바닥 부근으로 내려간다. 특히 양 턱과 이빨이 단단하고 입 부분이 돌출되어 있어 소라나 성게 같이 껍질이 단단한 생물도 부셔 먹을 수 있다. 어린 『돌돔』들은 물속에서 떼를 지어 몰려다니며 사람도 잘 따르는데 따뜻한 여름철 제주도나 독도에서 흔히 만날 수 있고 물속에서 성게들을 부셔 주면 어느새 모여들어 정신없이 머리를 박고 먹는 모습은 귀엽기까지 하다.

형태 : 등 부분에서 배 부분까지의 몸높이가 높아 난원형으로 눈과 주둥이 끝이 작고 어린 시기에는 노란색 몸에 7줄의 뚜렷한 줄무늬가 있으나, 성장하면서 몸바탕이 흰색으로 바뀌고 더 늙게 되면 전체적으로 검은색을 띠게 되며 주둥이도 검게 변한다. 몸길이는 최대 70cm까지 성장한다.

생태 및 분포 : 우리나라 전 연안의 바위 지역에서 주로 생활하며, 따뜻한 수온을 좋아하는 편이다. 먹이로는 갯지렁이와 조개류 및 성게 등을 좋아한다.

강담돔

검은 표범 무늬 강담돔

Order Perciformes 농어목
Family Oplegnathidae 돌돔과
Oplegnathus punctatus (Temminck and Schlegel, 1844) 강담돔
영명 : Rock porgy

특징 : 『강담돔』은 맛이 좋아 고급 요리 재료로 쓰이는데 갯바위 낚시꾼들에게 인기가 높다. 생김새와 생활 모습이 '돌돔' 과 매우 닮았으며, 맛도 유사하고 매우 귀한 물고기로 알려져 있다. 이런 『강담돔』과 '돌돔' 의 인기가 매우 높다보니 이 두 물고기를 교배시켜 새로운 물고기를 개발하기도 했다.

형태 : 몸은 달걀형으로 등 부분에서 배 부분까지의 몸높이가 높은 편이다. 입은 작고 입술은 흰색이며 꼬리지느러미 뒤 가장자리가 직선형에 가까우나 중앙에 약간 오목하게 들어가 있다. 몸 빛깔은 갈색 바탕에 크고 작은 검은 점이 불규칙하게 밀집되어 있는데 그 모습이 마치 제주 돌각담 또는 표범 무늬를 닮았다. 이 점들은 성장하면서 점차 사라지며 '돌돔' 과 다르게 주둥이가 흰색으로 변한다. 몸길이는 70cm 전

후로 성장한다.

생태 및 분포 : 우리나라 제주도를 포함하는 남해 연안의 바위 지역에서 주로 생활하고 '돌돔' 보다는 따뜻한 곳을 더 좋아한다. 산란기는 4~7월로 강한 이빨을 가지고 있어 조개류, 성게류 등을 부수어 먹을 수 있으며 어린 시기에는 떠다니는 해조류 아래에 붙어서 생활한다.

노랑가시돔

등에 꽃을 달고 다니는 노랑가시돔

Order Perciformes 농어목
Family Cirrhitidae 가시돔과
Cirrhitichthys aureus (Temminck and Schlegel, 1842) 노랑가시돔
영명 : Hawkfish

특징 : 화려한 색을 뽐내는 『황붉돔』은 스쿠버다이버들 사이에서 『노랑가시돔』이라 불리는 물고기로 지느러미의 끝에 산호 폴립 모양의 돌기가 돋아 있는 것이 특징이다. 또한 암컷과 수컷의 생식(生殖) 성질을 동

시에 가지는 자웅동체(雌雄同體) 물고기로 생식소 안에 난소 비율이 차지하는 비율이 높으면 암컷의 기능을 하게 되고, 정소 비율이 높으면 수컷의 기능을 하는 신비로운 물고기다. 산호의 친구답게 산호 근처에서 고요히 정지한 상태로 만날 때가 많은데, 등지느러미 끝의 갈라진 피질 돌기가 마치 산호의 폴립처럼 생겨 얼핏 보면 앉아 있는 『노랑가시돔』을 알아보지 못할 때도 있다.

형태 : 몸은 타원형이며 몸 빛깔은 균일하게 노란색을 보이고 등 부분에 몇 개의 희미한 줄무늬가 있으나 등지느러미에는 무늬가 없다. 몸길이는 최대 15cm 정도다.

생태 및 분포 : 난류(暖流)의 영향을 많이 받는 남해와 제주도 연안의 산호가 발달된 바위 지역에서 생활하는 열대어종으로 먹이로는 작은 동물을 좋아하고 번식기는 여름으로 일몰 직후에 산란(產卵)과 방정(放精)이 일어난다.

여덟동가리

얼룩말을 닮은 여덟동가리

Order Perciformes 농어목
Family Cheilodactylidae 다동가리과
Goniistius quadricornis (Günther, 1860) 여덟동가리
영명 : Black-barred morwong

특징 : 제주도 바다에는 참으로 신기한 모양과 색체를 가지는 물고기가 많다. 제주도 바다에서 만난 『여덟동가리』도 시선을 집중시키는 모양새와 줄무늬가 매혹적이다. 육상의 얼룩말을 닮은 줄무늬를 보고 있자면 헤엄치는 것이 아니라 바다 속을 뛰어다니는 상상을 하곤 한다. 간혹 『여덟동가리』는 생김새가 유사한 '아홉동가리' 와 혼동할 수가 있는데, 물고기 이름 따라 줄무늬 개수를 헤아리다 보면 어느새 물고기는 도망치고 없기 때문에 꼬리 부분에 점무늬가 있는지 없는지를 파악하면 쉽고 빠르게 구별할 수 있다. 흰색 점무늬가 있으면 '아홉동가리' 이고, 없으면 『여덟동가리』다.

형태 : 『여덟동가리』의 몸은 전반부의 몸높이가 다소 높고 주둥이는 아래쪽으로 치우쳐져 있으며, 꼬리지느러미 뒤 가장자리는 안쪽으로 깊게 패여 있다. 몸 빛깔은 연한 회색 바탕에 8줄의 흑갈색 무늬가 비스듬하게 그어져 있으며, 꼬리지느러미 밑 부분은 검은 색을 보인다. 몸길이는 최대 40cm 정도까지 성장한다.

생태 및 분포 : 우리나라 제주도 연안의 바위 지역에서 흔히 관찰되며 먹이로는 새우류와 작은 저서동물들을 좋아한다.

아홉동가리

비늘이 세고 맛이 없는 아홉동가리

Order Perciformes 농어목
Family Cheilodactylidae 다동가리과
Goniistius zonatus (Cuvier, 1830) 아홉동가리
영명 : Whitespot-tail morwong

특징 : 『아홉동가리』는 몸에 나타나는 줄무늬가 9개인 것에서 이름을 따왔으며, 이와 유사한 줄무늬가 8개인 물고기는 '여덟동가리'라 부른다. 『아홉동가리』는 무리를 이루지 않고 홀로 생활하며 동작이 느리고 바위 위에 몸체를 약간 눕힌 상태로 기대어서는 휴식을 취하는 모습을 자주 보이기 때문에 이 물고기를 보고 있자면 옛 선비들의 느긋한 삶을 떠올리기 쉽다. 특히 일본에서는 비늘이 세고 맛이 없는 물고기라 천대하기도 한다.

형태 : 등 부분에서 배 부분까지의 몸높이가 높고 주둥이와 입은 아래쪽으로 치우쳐져 있으며, 입술이 두껍다. 몸 빛깔은 회청색 바탕에 9개의 검은 줄무늬가 비스듬히 그어져 있으며, 모든 지느러미는 노란색으로 특히 꼬리지느러미에는 둥근 흰색 반점이 흩어져 있다. 몸길이는 최대 40cm 이상 성장한다.

생태 및 분포 : 우리나라 울릉도와 제주도를 포함하는 남해안 및 서해남부 연안의 바위 지역에서 주로 생활하며, 먹이로는 새우류와 같은 작은 동물들을 좋아한다. 산란기는 10~12월로 해가 진 다음에 산란(産卵)한다. '돔' 종류와 형태는 닮았으나 맛은 그에 못 미쳐 어부들에게 잡히더라도 대접을 받지 못하는 물고기다.

망상어

새끼를 낳는 태생어 망상어

Order Perciformes 농어목
Family Embiotocidae 망상어과
Ditrema temminckii Bleeker, 1853 망상어
영명 : Temminck' s surfperch

특징 : 우리나라 연안낚시에서 흔히 잡히는 물고기로 '바다의 붕어' 라 불린다. 정약전의 《자산어보(玆山魚譜)》에서는 '망치어(望峙魚)' 또는 '소구어(小口魚)' 로 소개하며, 도미와 닮았다고 기록하고 있다.

『망상어』는 새끼를 낳는 태생어로 수컷은 교미기를 사용하여 11월경 암컷과 교미를 하고 암컷은 새끼를 배속에서 부화시키고 영양분을 주어 키워서 이듬해 5~6월경 수십 마리의 새끼를 낳는다. 『망상어』의 새끼에 대한 사랑은 지극하기로 유명하여 낚시꾼에게 잡힌 『망상어』 어미는 새끼를 몸 밖으로 내보내기도 하는데, 이는 위협을 느낀 어미가 새끼들만이라도 살려보겠다는 본능적인 행동이 아닌가 생각된다.

형태 : 등 부분에서 배 부분까지의 몸높이가 높은 타원형으로 비늘은 작고 연하며, 뺨 아래에 2개의 검은 점이 있고 배지느러미 부근에 검은

점이 있거나 전체적으로 검은색을 띠는 것이 특징이다. '인상어' 와 생김새가 아주 비슷해서 자주 혼동 되지만 체형과 꼬리지느러미의 모양에서 차이가 난다. 몸 빛깔은 회백색 바탕에 등 부분은 진하고 배 부분은 연한 색을 보이지만 나이와 서식장소에 따라 다양한 색상을 보이기도 한다. 흔히 볼 수 있는 몸길이는 15~25cm 정도지만 최대 35cm까지 성장한다.

생태 및 분포 : 우리나라 동해와 남해 연안의 해조류가 무성한 지역에서 주로 생활하며 먹이로는 동물성 플랑크톤이나 갯지렁이 또는 조개 등을 좋아한다. 한 번에 약 13마리의 새끼를 낳는 태생어류다.

인상어

망상어와 사촌지간인 인상어

Order Perciformes 농어목
Family Embiotocidae 망상어과
Neoditrema ransonneti Steindachner, 1883 인상어
영명 : Ransonnet' s surfperch

특징 : 체내수정을 통해 번식하는 『인상어』는 '망상어' 와 마찬가지로 새끼를 낳는 태생어로 알에서 부화한 새끼가 암컷의 몸 안에서 자라다가 5~6월 사이에 몸 밖으로 나온다.

'망상어' 와 생김새가 비슷한 『인상어』는 '망상어' 보다는 더 얕은 곳에 살며 수백 마리씩 무리지어 생활한다. 포구나 항만 내에도 많이 서식하기 때문에 흔히 볼 수 있으며 겁이 많아 부산 지방에서는 '겁쟁이' 로도 불린다.

형태 : '망상어' 의 경우 뺨에 검은 점이 있지만 『인상어』는 검은 점이 없으며, 등 부분에서 배 부분까지의 몸높이가 '망상어' 보다는 낮고 길어 보여서 날씬한 느낌을 준다. 몸 빛깔은 황갈색 바탕에 가슴지느러미에 암갈색 줄무늬가 존재한다. 몸길이는 최대 25cm까지 성장한다.

생태 및 분포 : 우리나라 동해와 남해의 해조류가 많은 지역에서 주로 생활하며 한 번에 9~20마리의 새끼를 낳는 태생어류다. 먹이로는 동물성 플랑크톤을 비롯하여 새우류를 좋아한다.

해포리고기

하사관 물고기 해포리고기

Order Perciformes 농어목
Family Pomacentridae 자리돔과
Abudefduf vaigiensis (Quoy and Gaimard, 1825) 해포리고기
영명 : Five-banded damselfish

특징 : 『해포리고기』는 체측에 검은 띠무늬를 가지고 있어서 얼핏 보면 돌돔 새끼처럼 보인다. 체형은 '자리돔'을 닮았으면서 '돌돔'의 줄무늬로 한껏 멋을 내어 관상어로도 손색이 없을 만큼 예쁜 물고기다. 열대어종으로 남태평양 열대바다에서도 흔히 만날 수 있는데 '태평양의 하사관' 이라는 별명을 가지고 있다. 이는 머리를 밑으로 하고 세워 놓으면 몸의 줄무늬가 3개이면 상병, 4개이면 병장, 꼬리에 체크무늬까지 있으면 하사 계급장과 닮아 이러한 별칭이 나왔다.

형태 : 크기가 최대 10cm 정도인 소형 물고기로 등 부분에서 배 부분까지의 몸높이가 다소 높은 동그란 형태다. 몸 빛깔은 회청색 바탕에 선명한 5줄의 무늬를 가지고 있고 등 부분은 노란색, 모든 지느러미는 연한 회청색을 보인다.

생태 및 분포 : 난류(暖流)의 영향을 받는 우리나라 동해 남부와 남해안에서 수심 10m 정도의 산호, 바위 연안에 주로 생활하며, 잡식성이다. 산란(產卵) 습성은 바위의 벽 부분에 암컷이 산란하면, 수컷이 이를 지키는 부성애가 강한 물고기다.

흰동가리

말미잘을 집으로 삼은 흰동가리

Order Perciformes 농어목
Family Pomacentridae 자리돔과
Amphiprion clarkii (Bennett, 1830) 흰동가리
영명 : Two-band anemonefish

특징 : 2003년에 개봉한 애니메이션 영화 '니모를 찾아서'는 다홍색 바탕에 흰색 줄무늬를 가진 물고기 한 마리가 잃어버린 새끼를 찾아 나서는 모험을 그린 영화로 말미잘과 공생하는 흰동가리류의 일종이 주인공인 영화였다. 흰동가리류는 열대어이자 관상어로 인기가 높으며 우리나라 제주도에서 호주 연안에 이르기까지 서식하는 열대어종이다. 영어권에선 『흰동가리』를 말미잘과 공생한다고 해서 'anemonefish'라 부르는데, 『흰동가리』는 피부에서 나오는 끈적끈적한 점액이 있어 말미잘 촉수의 독으로부터 몸을 보호받을 수 있다. 『흰동가리』와 말미잘의 공생관계를 살펴보면 말미잘은 무서운 독을 가지고 있어 『흰동가리』를 다른 물고기들로 부터 보호해주는 대신에 『흰동가리』에게서 떨어지는 먹이를 받아먹는다.

보통 말미잘 한 마리에는 『흰동가리』 암컷 · 수컷 1쌍과 어린 개체 1~3마리가 가족을 이루고 생활하며, 암컷은 수컷보다 덩치가 크기 때문에 가족을 이끌다가 암컷이 죽게 되면 무리 중 가장 센 수컷이 암컷으로 성전환을 일으킨다. 즉 아빠가 엄마가 될 수 있는 물고기다.

형태 : 몸은 둥근 편이며 주둥이는 짧고 아래턱이 위턱보다 돌출되어 있다. 몸 빛깔은 황갈색 바탕에 흰색의 줄무늬가 2개 존재하는데 첫 번째 줄은 등지느러미 앞에서 시작하여 배까지 이어지며, 두 번째 줄은 등지느러미 중간 부분에서 배까지 이어진다. 가슴지느러미와 꼬리지느러미는 밝은 노란색을 가지기 때문에 작고 귀여운 모습을 볼 수 있다. 몸길이는 10cm 정도다.

생태 및 분포 : 제주도 서귀포 앞바다 문섬에는 『흰동가리』 부부가 살고 있었는데 최근 1~2년 사이에 사라져 아끼던 스쿠버다이버들은 하루 빨리 다시 『흰동가리』를 볼 수 있기를 기원하고 있다. 먹이로는 동물성 플랑크톤을 비롯하여 해조류를 좋아하고 산란기인 5~11월 사이에 말미잘 근처의 바위에 알을 낳아서 알이 부화할 때까지 보호 행동을 보인다.

자리돔

자리를 못 뜨게 하는 맛 자리돔

Order Perciformes 농어목
Family Pomacentridae 자리돔과
Chromis notata (Temminck and Schlegel, 1843) 자리돔
영명 : Coral fish, white saddled reeffish

특징 : 『자리돔』을 보면 크기는 작지만 당차게 생긴 모양새가 매우 친숙하게 느껴지는 물고기로 난류(暖流)의 영향을 받는 해역에 주로 서식한다. 몸길이는 10~15cm의 소형어종으로 예전에는 한때 제주도 특산어종으로 이름을 날렸으나 남해안의 거문도, 욕지도, 부산 앞바다를 비롯하여 울릉도나 독도 연안에서도 흔히 무리지어 생활하고 있는 모습을 볼 수 있다. 이러한 현상은 가장 북쪽 바다에 서식하는 '자리돔류'의 일종인 『자리돔』이 '쓰시마 난류' 를 따라 그 분포역이 확대된 것으로 생각된다. 『자리돔』요리가 오래전부터 유명한 제주도에서는 뼈째 썰어 먹는 '자리돔 물회' 와 '자리돔 구이' 가 유명하며, 여름철이면 축제가 열리기도 한다.

형태 : 『자리돔』의 몸은 전체적으로 둥글둥글하며, 주둥이가 짧고 뾰족하게 나와 있으며 꼬리지느러미는 안쪽으로 깊게 패여 있다. 몸 빛깔은 보통 흑갈색이지만 환경에 따라 변이가 심하며, 가슴지느러미와 몸이 만나는 지점에는 진한 청흑색의 반점이 존재하고 등지느러미의 끝부분에는 흰색 반점이 존재한다. 하지만 이 흰색 반점은 물 밖으로 노출되

어 『자리돔』이 죽게 되면 없어진다고 한다.

생태 및 분포 : 난류의 영향을 받는 우리나라 동해안과 제주도를 포함한 남해안의 연안 바위 또는 산호초 지역에서 무리지어 생활하며, 먹이로는 동물성 플랑크톤을 좋아한다. 6~10월 고수온기가 되면 돌에 수정란(受精卵)을 붙이고 어미가 부화할 때까지 이를 지키는 습성이 있다.

파랑돔

바다 속 사파이어 요정 파랑돔

Order Perciformes 농어목
Family Pomacentridae 자리돔
Pomacentrus coelestis Jordan and Starks, 1901 파랑돔
영명 : Heavenly damselfish

특징 : 여름이 오면 난류(暖流)의 영향을 받는 제주도에서 부산 앞바다를 거쳐 울릉도와 독도에 이르기 까지 반짝거리는 보석을 닮은 『파랑돔』을 만날 수 있다. 그 빛깔이 그림을 그린 듯 무척이나 눈에 띄고 반짝거려서 해수 관상어로서의 인기도 높으며 크기는 작지만 그 화려한 몸빛에 바다 속에서 요정을 만난 기분이 든다.

형태 : 등 부분에서 배 부분까지의 몸높이가 낮고 몸이 길어서 타원형을 보인다. 주둥이가 짧고 꼬리지느러미 뒤 가장자리는 안쪽으로 얕게 패여 있으며 몸길이는 8cm에 불과하다. 몸 빛깔은 전체적으로 파란색이며 배 부분과 꼬리지느러미 부위는 노란색을 보이고 난류의 영향을

받는 해역에서 여름에 만날 수 있지만 겨울철에는 사라지는 해역도 많다. 여름철 제주도 연안에선 돌에 알을 낳아 붙이고 보호하고 있는 어미들도 만날 수 있는데 '자리돔' 과 거의 같은 습성을 갖고 있다.

생태 및 분포 : 우리나라 제주도에서 울릉도와 독도까지 분포하고 온대 해역에 적응한 물고기로 알려져 있으며 먹이로는 동물성 플랑크톤을 좋아한다. 산란기는 5~9월이다.

호박돔

앵무새를 닮은 호박돔

Order Perciformes 농어목
Family Labridae 놀래기과
Choerodon azurio (Jordan and Snyder, 1901) 호박돔
영명 : Scarbreast tuskfish

특징 : 제주 바다에는 화려한 색체를 뽐내는 물고기들이 많다. 그 중에서 자주 만날 수 있는 물고기가 『호박돔』이다. 전체적으로 '돔' 을 닮았지만 화려한 색체를 뽐내는 것은 다른 '놀래기과' 물고기들과 닮았다. 그 중에서 아가미 부근에 인디언들의 얼굴 위장을 닮은 무늬가 독특하며 전체적으로 바다 속 '앵무새' 를 떠올리기 쉽다. 이 물고기는 호기심이 매우 많아 스쿠버다이버들을 따라다니기도 한다.

형태 : 이마가 높고 몸은 난원형으로 머리에서 주둥이까지 이르는 외곽선의 경사가 매우 심하고 성장하면서 이 부분이 둥글게 솟아오른다. 몸빛깔은 황적색 바탕에 검은색 줄무늬와 흰색 줄무늬가 비스듬하게 그

어져 있으며 입 주위는 보라색, 등지느러미와 뒷지느러미에는 노란색을 보이고 꼬리지느러미와 몸에는 보라색 반점들이 흩어져 있다. 몸길이는 최대 40cm 정도다.

생태 및 분포 : 우리나라 제주도와 울릉도의 바위 지역에서 주로 생활하며, 육식성으로 밤에는 바위틈이나 바위구멍에서 잠을 잔다. 주로 모래 속에서 먹이를 찾아내는데, 입 안 가득히 모래를 넣고 있다가 뱉어내는 동작을 4~5번 되풀이해서 먹이를 찾아내기도 한다. 산란기는 6월 무렵이다.

용치놀래기

성전환 하는 용치놀래기

Order Perciformes 농어목
Family Labridae 놀래기과
Halichoeres poecilopterus (Temminck and Schlegel, 1845) 용치놀래기
영명 : Multicolorfin rainbowfish

암컷(♀)

숫컷(♂)

특징 : 여름철 우리나라 연안에서 가장 쉽게 만날 수 있는 놀래기 중의 한 종이 『용치놀래기』다. 초록빛 바다에 화려한 몸 빛깔을 뽐내며 살아가는 모습은 항상 이목을 집중시키며, 멍게나 성게의 껍질을 깨어 속살을 내보이면 가장 먼저 몰려드는 먹성이 좋은 여름 어종이다. 이렇게 식탐이 강하고 호기심이 많기 때문에 스쿠버다이버들의 주변에도 잘 모여들어 가끔은 사진 모델이 되어 주기도 한다.

지렁이나 게 등 여러 가지의 먹이를 잘 먹는 잡식성이며, 이 물고기의

가장 큰 특징은 암컷이 성장하면서 수컷으로 성전환 하는 것으로 이에 따라 몸 빛깔의 변이를 가져온다. 수컷 한 마리와 암컷 여러 마리가 사회생활을 하며 추운 겨울에는 모래 바닥 속에 들어가 월동하며 생활한다.

형태 : 등 부분에서 배 부분까지의 몸높이가 낮고 원통형이라 날렵해 보이며 주둥이는 길고 뾰족하다. 수컷은 등 부분이 청록색, 배 부분은 황록색을 띠고 몸 중앙 각각의 비늘에 황록색 점들이 분포하고 있어 줄무늬처럼 보이기도 하며, 가슴지느러미 뒤로 검은 점을 가지고 있다. 암컷은 몸 전체가 밝은 황록색 바탕에 몸의 중앙에 암청색의 줄무늬가 뚜렷하고 수컷과 유사하게 각 비늘에는 황갈색의 점들이 분포하여 줄무늬가 있는 것처럼 보인다. 몸길이는 대개 15~25cm급이 흔하다.

생태 및 분포 : 우리나라 남해안과 동해안의 바위 지역에서 주로 생활한다.

무점황놀래기

차가운 겨울에도 잘 적응한 무점황놀래기

Order Perciformes 농어목
Family Labridae 놀래기과
Pseudolabrus eoethinus (Richardson, 1846) 무점황놀래기
영명 : Red naped wrasse

특징 : 『무점황놀래기』는 성전환이 가능한 '트랜스젠더' 다. '놀래기과' 물고기의 성전환 유형은 암컷으로 태어나 성장하면서 수컷으로 전환되는 형태가 대부분이며 간혹 수컷이 암컷으로 바뀌는 경우도 있다. 이러한 성전환의 원인은 성호르몬 분비 때문으로 같은 성(性)을 가진 '놀래기과' 물고기가 서로 만나면 시각적 자극을 받아 성호르몬이 분비되는데 이때 성전환이 시작되는 것이다. 가령 같은 영역에 사는 두 마리의 암컷 『무점황놀래기』가 마주치게 되면 몸집 크기에 따라 큰 것은 수컷으로 변하고 작은 것은 암컷으로 그대로 남아있게 되며 짝짓기를 하게 된다.

'황놀래기' 와 함께 섞여 살던 『무점황놀래기』는 2003년도에 우리나라에서 미기록어종으로 어류학회에 기재되었다.

형태 : 몸은 길고 통통하여 난원형에 가까우며, 꼬리지느러미 가장자리는 직선에 가깝고 입은 뾰족하게 돌출되어 있다. 몸 빛깔은 수컷의 경우 황갈색이 강하고 암컷은 붉은색이 강하며, 등지느러미에 작은 흑색 반점이 두 줄의 띠를 형성하고 있다. 뒷지느러미에도 두 줄의 진한노랑색 띠가 있으며, 눈 아래 적갈색 무늬가 또렷하게 남아 있다. 몸길이는 약 25cm 정도다.

생태 및 분포 : 남해안과 제주도의 따뜻하고 얕은 바위 지역에서 주로 생활하며, 다른 '놀래기과' 물고기들보다 깊은 수심에서 서식한다. 육식성이며 밤에는 바위틈 사이나 해조류 틈에 숨어 잠을 자는 습성이 있다.

어렝놀래기

술래잡기 놀이 어렝놀래기

Order Perciformes 농어목
Family Labridae 놀래기과
Pteragogus flagellifer (Valenciennes, 1839) 어렝놀래기
영명 : Cocktail wrasse

특징 : 물고기의 몸 빛깔이 화려하고 얼룩덜룩하면 대부분이 주변 환경에 맞춰서 보호색을 가진 물고기일 가능성이 높다. 『어렝놀래기』는 바위와 해조류의 색체를 교묘하게 섞어서 온 몸에 칠하고 바위와 해조류 틈에서 술래잡기를 하고 있다. 그래서 처음에는 발견하기도 어렵지만 한번 눈에 익으면 그 화려한 색체에 눈이 어지러울 지경이다.

형태 : 등 부분에서 배 부분까지의 몸높이가 다소 높은 타원형의 몸을 가지며 주둥이는 짧고 뾰족하다. 꼬리지느러미 뒤 가장자리는 바깥쪽으로 둥글게 돌출되어 있으며, 수컷과 암컷은 등지느러미로 구분되는데 수컷의 등지느러미 앞부분은 길게 연장되어 있는 것이 특징이며 몸 빛깔은 흑자색 비늘에 황록색 물결무늬를 가진 멋쟁이다. 반면 암컷은 적갈색 또는 황록색 바탕에 아가미뚜껑에는 검은색 점을 가지는 것이 특징이다. 몸길이는 최대 20cm 정도다.

생태 및 분포 : 난류(暖流)의 영향을 받는 우리나라 남해 연안과 제주도에 서식하며 여름철에는 울릉도 연안에서도 만날 수 있다. 바위가 많은 지역에 단독 생활을 즐기는 종으로 온대 수역에 적응한 물고기이며, 낮

에 주로 활동하고 밤에는 바위틈 사이나 해조류 사이에서 잠을 잔다.

혹돔

영화 주인공 헬보이를 닮은 혹돔

Order Perciformes 농어목
Family Labridae 놀래기과
Semicossyphus reticulatus (Valenciennes, 1839) 혹돔
영명 : Bulgyhead wrasse

특징 : 『혹돔』의 가장 큰 특징은 머리와 턱 아래에 혹을 가진 외모라고 볼 수 있다. 이런 모습 때문에 '바다의 괴물' 이라는 별명을 가지고 있으며, 공룡의 후예가 아닌가 하는 착각이 들 정도다. 실제 물속에서 『혹돔』과 마주치면 『혹돔』은 자신의 은신처로 도망가 굴속에서 가만히 사람을 쳐다보고 있기 때문에 생김새와는 다른 소심함을 보인다. 즉, 겉모습과는 다르게 조심스러운 성격이라 사람들과는 거리를 두려고 한다.

『혹돔』은 새끼 때에 모두 암컷이다. 그러다 그 중 덩치가 크고 강한 녀석들만 수컷으로 변하게 되는데, 수컷만 큰 혹과 거대한 턱이 생기기 시작하며, 서열이 높을수록 혹이 크다고 한다. 그래서 어린 『혹돔』과 다 자란 수컷의 『혹돔』 형태는 다른 물고기로 착각할 수 있다.

형태 : 몸은 길고 등 부분에서 배 부분까지의 몸높이가 높은 타원형이다. 또한 머리는 크고 꼬리지느러미 끝부분은 직선에 가까우며, 강한

이빨을 가지고 있다. 성어의 몸 빛깔은 전체적으로 적갈색을 띠지만 어린 시기에는 붉은색 바탕에 선명한 흰색 줄무늬를 가지고 지느러미 부분이 검은 것이 특징이다. 몸길이는 최대 1m 정도다.

생태 및 분포 : 『혹돔』은 연안 '놀래기과' 물고기 중에서 대형 물고기이며, 낮에 주로 활동한다. 제주도를 포함하는 남해와 울릉도 및 독도의 비교적 높은 수온의 바위 지역에서 생활하고, 강한 이빨로 소라나 고둥 등을 부수어 먹을 수 있다. 맛은 그다지 좋은 편이 아니지만 크기 때문에 낚시 대상어로는 인기가 높다.

그물베도라치

옆줄이 그물 모양으로 복잡한 그물베도라치

Order Perciformes 농어목
Family Stichaeidae 장갱이과
Dictyosoma burgeri van der Hoeven, 1855 그물베도라치
영명 : Ribbed gunnel

특징 : 『그물베도라치』는 낚시로 잡히는 물고기 중 꼭 '장어' 를 닮아서 부산 지역에서는 '쫄장어' 라 불리기도 하는 물고기다. 바위틈이나 조간대의 바위 지역에서는 낚시로 『그물베도라치』를 잡는 모습을 볼 수 있다.

형태 : 몸은 긴 리본형에 가까우며 주둥이는 짧고 둥근 편이다. 등지느

러미와 뒷지느러미는 각각 아가미 부근과 몸 중앙에서 시작되어 꼬리지느러미와 연결되어 있으며, 옆줄이 그물 모양으로 발달해 있고 몸 전체가 미끈미끈하다. 몸 빛깔은 황갈색, 녹갈색, 흑갈색 등 다양하며, 가슴지느러미 위쪽에 2개의 검은 점이 있다. 몸길이는 최대 30cm 정도다.

생태 및 분포 : 우리나라 전 연안의 바위 부근에서 생활하며, 먹이로는 갯지렁이나 작은 어류들을 좋아한다. 산란기는 겨울에서 봄으로 수컷들이 알 덩어리를 감싸 보호하는 습성을 가지며, 물속에서 만난 『그물베도라치』는 바위틈으로 얼굴만 내밀고 있는 모습이 대부분이다. 부화 후 2년 정도면 17cm까지 자라 성체가 된다.

흰베도라치

황해 개펄을 지키는 흰베도라치

Order Perciformes 농어목
Family Pholididae 황줄베도라치과
Pholis fangi (Wang and Wang, 1935) 흰베도라치
영명 : White gunnel

특징 : 『흰베도라치』는 황해의 대표적인 겨울철 산란(産卵) 물고기로 어린 개체는 잡히는 즉시 김발에 말려 가공해 '뱅어포(실치)' 로 유통된다.

형태 : 몸은 '베도라치'와 매우 닮았으며 등지느러미에 'H자 모양'의 무늬를 가지는 것이 큰 특징이다. 꼬리지느러미 가장자리는 직선형으로 비늘은 피부 아래에 묻혀 있고 피부가 매우 미끄럽다. 몸 빛깔은 연한 황갈색 바탕에 희미하지만 어두운 줄무늬를 가진다. 몸길이는 8~10cm 정도다.

생태 및 분포 : 우리나라 서해안의 연안 모래 바닥과 개펄에서 주로 생활하며 1~4월 사이에 산란을 한다. 또한 『흰베도라치』는 개펄 생태계의 먹이사슬에 중요한 역할을 하는 것으로 여겨지며 멸종위기종인 '상괭이'의 먹이로도 이용된다고 알려져 있다.

베도라치

뱀처럼 미끌미끌 베도라치

Order Perciformes 농어목
Family Pholididae 황줄베도라치과
Pholis nebulosa (Temminck and Schlegel, 1845) 베도라치
영명 : Tidepool gunnel

특징 : 물속에는 특이한 모양을 하고 특이한 모습으로 살아가는 물고기들이 많다. 그 중에서 『베도라치』는 바닥의 빈 공간을 찾아다니면서 헤엄친다기 보다는 기어 다닌다는 표현이 맞는 물고기다. 바위틈이나 버려진 소라껍질에 몸을 잔뜩 웅크린 채 주변을 살피면서도 조그만 위험이라도 느껴진다면 날씬한 몸을 비틀면서 재빨리 위험 지역을 벗어나곤 하는데 그 모습은 마치 뱀이 움직이는 것과 닮았다.

형태 : 『베도라치』의 몸통은 얇고 길게 늘어진 모양으로 배지느러미는 매우 작으며 꼬리지느러미 뒤 가장자리가 둥글게 나와 있다. 몸 빛깔은 황갈색 바탕에 검은색 또는 흑갈색의 얼룩무늬가 흩어져 있으며, 짧은 가시로 이루어진 등지느러미에는 검은 삼각형무늬가 규칙적으로 줄지어져 있고 꼬리지느러미 가장자리가 흰 것이 특징이다. 몸길이는 최대 30cm 정도다.

생태 및 분포 : 우리나라 전 연안의 조간대 또는 수심 20m 미만의 바위틈에서 주로 생활하며, 먹이로는 동물성 플랑크톤이나 작은 동물들을 좋아한다. 최근 삼천포를 비롯한 남해안 작은 포구에서는 자연산이라 하여 활어회로도 팔리고 있다.

도루묵

말짱 도루묵

Order Perciformes 농어목
Family Trichodontidae 도루묵과
Arctoscopus japonicus (Steindachner, 1881) 도루묵
영명 : Sailfin sandfish

특징 : 『도루묵』은 겨울철 동해안 어미들을 배부르게 하는 물고기다. 임진왜란 때 피난길에 오른 선조 임금이 전쟁 중에 싱싱하고 맛난 음식을 먹지 못하다가 우연히 '묵' 이라는 물고기를 먹게 되었는데 오랜만에 싱싱하고 담백한 생선을 먹은 선조 임금은 기분이 좋아져 은색 비늘을 가진 그 물고기를 '묵' 이라는 이름 대신 '은어' 라고 부르도록 했다. 전쟁이 끝나고 다시 궁궐로 돌아온 선조 임금은 '은어' 의 맛이 그리워 다시 맛을 보았지만 예전에 먹었을 때의 맛과 전혀 다른, 형편없는 맛에 실망하게 되고 선조 임금은 "이제부터 은어를 도로 묵이라 하라." 고 하였다고 해서 나중에 『도루묵』으로 바뀌게 되었고, 그 때 이후 일이 제대로 풀리지 않을 경우에 흔히 '말짱 도루묵이다' 라고 말하게 되었다는 웃지 못 할 사연이 있다. 1960~1970년대에는『도루묵』알이 원폭 피해자들을 치료하는 데 효과가 있다고 알려지면서 일본으로 대량 수출되기도 했다.

형태 : 『도루묵』의 아래턱은 위턱 앞으로 나와 있어 입은 위를 향해 열린다. 꼬리지느러미 뒤 가장자리는 안쪽으로 약간 패여 있으며 등지느러미는 2개로 앞 쪽 것은 삼각형의 형태다. 몸 빛깔은 등 부분에 황갈색 무늬가 줄지어져 있으며 배 부분은 은백색을 보인다. 몸길이는 약 20~30cm 정도다.

생태 및 분포 : 우리나라 동해안 대륙붕의 모래와 개펄 지역에서 주로 생활하다가 산란기인 10~12월에는 얕은 연안으로 몰려 나와 둥근 알 덩어리를 해조 줄기에 붙이는 습성이 있다. 먹이로는 새우류와 작은 물고기를 좋아한다. 알을 가진 암컷은 고급 음식으로 취급한다. 부화 후 암컷과 수컷 모두 2년이 지나면 15cm 정도 자라서 성체가 된다.

쌍동가리

몸에 새긴 필승의 V자 무늬 쌍동가리

Order Perciformes 농어목
Family Pinguipedidae 양동미리과
Parapercis sexfasciata (Temminck and Schlegel, 1843) 쌍동가리
영명 : Saddled weever

특징 : 『쌍동가리』는 몸에 새겨진 'V자 모양'의 줄무늬가 인상적인 물고기로 남해안 얕은 바다에 서식하는 소형어종이다. 낚시나 통발을 이용하여 쉽게 잡을 수 있는데 몸집은 작지만 흰 살이 매우 쫄깃하고 고소한 맛을 내기에 미식가들에게 인기가 좋다.

형태 : 몸은 원통형이지만 뒤쪽으로는 갈수록 얇아지는 형태다. 주둥이는 뾰족하고 머리 부분에는 노란색의 무늬가 존재한다. 몸 빛깔은 황적색 바탕에 4개의 'V 자 모양'의 검은색 무늬가 크게 존재하며, 눈 아래에는 진한 줄무늬 1개가 존재한다. 등지느러미는 다소 검은 편이며, 뒷지느러미는 흰색을 띠고 꼬리지느러미와 몸이 연결되는 부위의 위쪽에는 검은 점이 1개 존재한다. 몸길이는 최대 20cm까지 성장한다.

생태 및 분포 : 우리나라 서해안과 남해안의 모래 또는 개펄 바닥에서 주로 생활하며, 먹이로는 작은 물고기들을 좋아한다.

동미리

눈이 튀어나온 동미리

Order Perciformes 농어목
Family Pinguipedidae 양동미리과
Parapercis snyderi Jordan and Starks, 1905 동미리
영명 : Snyder' s weever

특징 : 제주도 연안 바닥을 살펴보면 분홍빛깔에 검은 줄무늬로 'V자 모양' 을 그리며 여유를 즐기는 물고기를 만날 수 있다. 『동미리』는 '쌍동가리' 와 사촌지간으로 매우 닮았으나 몸에 두터운 소문자 'V자 모양' 이 새겨져 있는 것이 특징이다. 또한 눈이 유난히 튀어나와 있어 눈동자를 굴리는 모습을 보면 눈이 돌아가는 것을 볼 수 있고, '눈이 크고 튀어 나와 있으면 겁이 많다' 는 말처럼 겁이 많아 조금만 다가가도 재빨리 도망가 버린다.

형태 : 굵은 원통형의 몸이 길게 뻗어 있으며, 뒷부분은 다소 얇아진다. 양턱의 길이는 비슷하며, 꼬리지느러미 뒤 가장자리는 바깥쪽으로 둥글게 돌출되어 있다. 몸 빛깔은 분홍색을 보이며, 등 부분에는 5개의 암

갈색 'V자 모양'의 무늬를 가지고, 배 부분에는 9~10개의 갈색 줄무늬를 가진다. 몸길이는 최대 15cm까지 성장한다.

생태 및 분포 : 우리나라 남해와 제주도 연안의 바위나 모래 바닥에서 주로 생활하며, 먹이로는 다른 물고기 및 작은 동물들을 잡아먹는 육식성이다. 또한 수컷에서 암컷으로 성전환 하는 것으로 알려져 있으며, 여름철이 번식기로 매일 저녁 일몰 한 시간 전에 산란(產卵)이 일어난다. 암컷이 수컷의 구애를 받아들이면 바닥에서 50cm가량 상승하여 산란과 방정(放精)이 이루어진다.

가막베도라치

알록달록 줄무늬 가막베도라치

Order Perciformes 농어목
Family Tripterygiidae 먹도라치과
Enneapterygius etheostomus (Jordan and Snyder, 1902) 가막베도라치
영명 : Snake tripleifn

숫컷(♂)

암컷(♀)

특징 : 독도와 같은 청정해역에서 수중 잠수 조사를 하다보면 다양한 색깔의 바위 위에 배를 붙이고는 알록달록한 보호색을 뽐내며 깡충깡충 뛰어다니는 물고기를 볼 수 있다. 『가막베도라치』는 크기가 작고 주변 색과 유사한 보호색을 가지고 있다. 호기심이 많아 우리가 가까이 다가가도 큰 움직임 없이 포즈를 취해주기에 친근한 태도와 아름다운 색으로 인기 만점인 물고기다.

형태 : 머리의 아래쪽이 넓고 주둥이가 뾰족하게 나와 있어서 정면에서 바라보면 전체적으로 삼각형을 이루고 있다. 몸은 가는 원통형이며, 몸에 나타나는 옆줄은 두 부분으로 나누어져 있는데 앞부분은 몸의 등 쪽에 위치하고, 뒷부분은 몸의 중앙을 따라 발달해 있다. 수컷과 암컷은 몸 빛깔이 달라 구분이 쉬운데 수컷은 검은색에 몸 중간 중간에 흰색 줄무늬가 보이며, 암컷은 옅은 살색 바탕에 6개의 수직을 이루는 암갈색 줄무늬가 있다. 몸길이는 약 5~7cm 정도다.

생태 및 분포 : 제주도와 울릉도를 포함한 동해와 남해의 수심 10m에 이르는 바위 위에 붙어서 생활하며, 먹이로는 플랑크톤이나 작은 동물을 좋아한다.

청황베도라치

오색 한복을 입은 청황베도라치

Order Perciformes 농어목
Family Tripterygiidae 먹도라치과
Springerichthys bapturus (Jordan and Snyder, 1902) 청황베도라치
영명 : Princess bienny

암컷(♀)

숫컷(♂)

특징 : 1997년 독도 탐사에서 채포되기 전 까지는 스쿠버다이버들의 사진으로만 확인되었던 물고기다. 당시 소형 뜰채를 들고 들어간 어류탐사팀으로부터 학회에 보고되었는데 화려하고 아름다운 색을 자랑하는 『청황베도라치』는 바다 수온이 올라가면서 개체수가 많아진 종으로 알

려져 있다.

형태 : 『청황베도라치』는 암컷과 수컷의 차이가 확연히 드러난다. 암컷의 몸 빛깔은 연분홍빛 바탕에 다홍색 점들이 흩어져 있으며, 꼬리지느러미가 검지만, 수컷은 머리 부분은 검은 색이 강하고 온 몸에 오렌지빛이 감돌며 머리 부분과 등지느러미 부분에 푸른빛이 나타난다. 또한 수컷은 암컷보다 덩치가 큰 편이다.

다른 '먹도라치과' 물고기들처럼 머리 부분이 몸에 비해 크고 납작하며, 몸은 가늘고 길게 뻗어 있다. 주둥이가 뾰족하고 앞으로 나와 있는 모양은 '가막베도라치' 와도 유사하다. 몸길이는 최대 10cm 미만의 소형 물고기다.

생태 및 분포 : 대마난류의 영향을 받는 우리나라 서남해안 해역과 동해안의 독도 연안에서 관찰되며, 조간대의 수심 10m에 이르는 바위 지역에서 주로 생활한다.

비늘베도라치

머리에 리본을 얹은 비늘베도라치

Order Perciformes 농어목
Family Labrisomidae 비늘베도라치과
Neoclinus bryope (Jordan and Snyder, 1902) 비늘베도라치
영명 : Moss fringehead

특징 : 『비늘베도라치』는 바위를 기어 다니며 살아가는 소형 물고기다. 마치 뱀처럼 몸을 좌우로 저으며 앞으로 나아가는데 머리에는 용의 뿔과 닮은 돌기를 가지고 있어 바다 속에서 만나면 매우 특이한 외모를 뽐낸다.

형태 : 몸은 길게 뻗어 있으며 눈은 머리의 앞쪽에 치우쳐 있다. 눈 위에 복잡하게 생긴 깃털 모양의 돌기 3개가 솟아 있고 끝부분이 여러 갈래로 갈라져 있는 것이 특징이며, 뒷지느러미는 몸의 중앙보다 조금 앞에서 시작되어 꼬리지느러미 앞부분까지 이어져 있고 꼬리지느러미 뒤 가장자리는 바깥쪽으로 둥글게 마무리되어 있다. 작은 비늘이 피부에 묻혀 있으며, 몸 빛깔은 연한 갈색 바탕에 너비가 넓은 1개의 갈색 줄무늬가 선명하고 윤곽이 뚜렷하지 않은 적갈색의 줄무늬와 교차하고 있다. 몸길이는 약 10cm 정도다.

생태 및 분포 : 우리나라 제주도를 포함하는 남해안의 해안선 부근 바위 틈에서 주로 생활하는 잡식성 물고기다.

저울베도라치

뿔을 가진 저울베도라치

Order Perciformes 농어목
Family Blenniidae 청베도라치과
Entomacrodus lighti (Herre, 1938) 저울베도라치
영명 : Stellar rockskipper

특징 : '베도라치' 라는 이름이 들어간 물고기들은 생김새들이 매우 유사하지만 머리 위 돌기에 따라 큰 차이를 보이는데 머리에 돋아난 돌기의 유무, 돌기 끝 부분의 생김새에 따라 구분될 수 있다. 『저울베도라치』는 '비늘베도라치' 와 같이 머리에 뿔과 같은 돌기가 솟아 있지만, 이 돌기는 마치 투우의 날카로운 뿔과 닮아 있는 것이 『저울베도라치』만의 특징이다.

형태 : 몸은 전체적으로 통통한 편으로 눈은 머리의 등 쪽으로 치우쳐 있고 주둥이는 짧으며 눈 위에는 끝부분이 갈라지지 않은 1쌍의 돌기가 존재한다. 옆줄은 불완전하며 꼬리지느러미의 끝부분은 둥글게 마무리되어 있다. 몸 빛깔은 짙은 녹색 바탕에 흰색 반점이 흩어져 있고 5~6개의 갈색의 줄무늬가 존재한다. 몸길이는 10~15cm 정도다.

생태 및 분포 : 우리나라 동해와 제주도를 포함한 남해안 연안 바위 지대에서 주로 생활하며 스쿠버다이버들이 많이 찾는 제주도 문섬과 새끼섬의 수심 1~3m의 직벽 틈에서 항상 만날 수 있는 물고기다.

앞동갈베도라치

몸의 앞부분과 뒷부분이 다른 앞동갈베도라치

Order Perciformes 농어목
Family Blenniidae 청베도라치과
Omobranchus elegans (Steindachner, 1876) 앞동갈베도라치
영명 : Elegant blenny

특징 : 『앞동갈베도라치』는 몸의 앞부분이 마치 얼굴에 문신을 잔뜩 그려 넣은 원주민들의 강렬한 인상이지만 뒷부분은 코발트 빛 점무늬가 빛나는 아름다운 물고기다. 이처럼 앞부분과 뒷부분이 확연히 다른 형태로 구분되기 때문에 이름에도 '앞동갈' 이라는 이름이 붙여진 것 같다. 『앞동갈베도라치』의 성격은 체구에 비해 과격한 편으로 수족관에서 이를 관상어로 키우다 보면 수컷끼리는 피가 나도록 싸워 자칫 심한 상처 때문에 죽어버리는 경우도 있다.
형태 : 몸은 길고 머리 부분은 둥글지만 뒤로 갈수록 얇아지는 형태다. 눈은 머리의 등 쪽에 치우쳐 있으며, 주둥이 앞부분의 경사가 급격하게 떨어진다. 몸 빛깔은 노란색 바탕에 눈 뒤에서 허리 부분에 해당하는 곳까지 굵은 검은색 줄무늬가 몸을 한 바퀴씩 휘감는데 끝으로 갈수록 색이 연해지며 굵기도 가늘어진다. 또한 눈가에는 하얀색이 원형으로 둘러쳐져 있고 주둥이와 머리 전체에 검은 반점이 흩어져 있으며, 몸의 뒤쪽에는 매우 작은 코발트 빛깔 점들이 흩어져 있다. 모든 지느러미는 노란색을 보이는데 『앞동갈베도라치』가 움직일 때 지느러미의 움직임은 마치 예쁜 드레스나 커튼의 레이스를 보는 듯하다. 몸길이는 약 10cm 정도다.
생태 및 분포 : 바위가 많은 연안의 해조 군락이나 조간대에서 주로 관찰되며, 돌 틈 사이에 보금자리를 만들어놓고 경우에 따라서는 돌의 움푹 팬 곳을 휴식처 삼아 달라붙어 생활한다. 돌에 납작 붙어 있을 때는 가슴지느러미를 이용하여 버틴다.

두줄베도라치

바다 속에서 단독 주택을 즐기는 두줄베도라치

Order Perciformes 농어목

Family Blenniidae 청베도라치과

Petroscirtes breviceps (Valenciennes, 1836) 두줄베도라치

영명 : Dandy blenny, black-banded blenny

특징 : 수중 잠수 조사를 하다 보면 빈 콜라병이나 캔 입구에서 머리만 쏙 내밀고 호기심 가득한 눈빛으로 스쿠버다이버를 응시하는 물고기를 만날 수 있다. 그리곤 급하게 자기만의 은신처로 숨어버리는데 그 은신처를 살펴보면, 다른 물고기들처럼 바위틈이나 산호초 주변이 아닌 버려진 소라 껍데기 또는 빈 병 같은 쓰레기더미임을 알 수 있다. 이처럼 『두줄베도라치』를 포함하는 '베도라치류' 는 자신의 몸을 숨길 수 있는 곳이라면 그 물체가 무엇인지는 중요치 않은가 보다. 호기심 많은 『두줄베도라치』가 숨었다가 머리 부분을 내미는 것이 귀엽기도 하고 사랑스럽기까지 하다.

형태 : 머리는 둥글고 몸은 길게 뻗어 있다. 등지느러미는 구분 없이 등 부분을 전체적으로 덮고 있으며 몸 빛깔은 황갈색 바탕에 갈색 줄무늬를 가지고 있다. 몸길이는 최대 10cm 정도다.

생태 및 분포 : 우리나라의 동해와 제주도를 포함하는 남해에 비교적 널리 분포하며, 연안의 바위와 해조류가 많은 지역에 주로 생활한다. 산란기는 여름철로 암컷이 소라나 조개껍질, 빈 병 또는 캔 속에 알을 부착시키는 습성이 있다.

동갈양태

작은 용으로 추앙받는 동갈양태

Order Perciformes 농어목
Family Callionymidae 돛양태과
Repomucenus curvicornis (Valenciennes, 1837) 동갈양태
영명 : Richardson' s dragonet

특징 : 『동갈양태』의 영어이름은 'dragonet' 으로 작은 몸집에 비해 크고 긴 지느러미와 입술 그리고 눈을 가지고 있는 모습이 마치 용의 형상을 닮았다고 해서 작은 용으로 불린다. 바닥의 모래에 숨을 수 있는 능력이 있으며, 이는 위험으로부터 몸을 보호하는 기능과 함께 먹이 사냥의 기술로도 이용될 수 있다.

형태 : 몸은 길고 머리 폭과 머리길이가 거의 같아서 몸의 앞부분은 위아래로 납작하고 뒤로 가면서 옆으로 납작해진다. 주둥이는 튀어나왔으며 입은 주둥이 끝의 아랫면에 작게 열린다. 아가미뚜껑에는 가시가 돋아 있는데 길이가 길고 가운데 부분에서 심하게 위쪽으로 구부러져 있다. 몸 빛깔은 짙은 갈색 바탕에 검은 반점이 흩어져 있으며, 배 부분은 흰색이다. 또한 수컷의 몸 옆구리 아랫부분에는 비스듬한 물결무늬가 있으며, 암컷과 어린 수컷은 제1등지느러미의 제3가시와 제4가시

사이에 검은 점이 선명하다. 몸길이는 약 25cm까지 성장한다.

생태 및 분포 : 우리나라 서해안과 남해안의 얕은 개펄이나 모래 바닥에서 주로 생활하며 봄과 가을에 연 2회 산란하는 육식성 물고기다. 알은 부성란(浮性卵)으로 1,500~4,000개의 알을 낳는다.

돛양태

모래 바닥을 기어 다니는 돛양태

Order Perciformes 농어목
Family Callionymidae 돛양태과
Repomucenus lunatus (Temminck and Schlegel, 1845) 돛양태
영명 : Moon dragonet

특징 : 『돛양태』는 등지느러미를 돛처럼 높게 펼치고 헤엄친다 해서 붙여진 이름이다.

형태 : 몸은 길고 머리 부분이 삼각형 모양으로 매우 납작하며, 꼬리는 가늘고 길게 뻗어 있다. 첫 번째 등지느러미가 검은색이고 네 번째 막에는 검은 반점이 있는 것이 특징이며 특히 수컷의 경우, 첫 번째 가시가 실처럼 길게 늘어져 있고 아가미뚜껑 부분에는 앞쪽으로 날카로운 가시가 뻗어 있다.

몸 빛깔은 전체적으로 옅은 갈색 바탕에 검은 점을 가지며, 배는 흰색을 띤다. 수컷과 암컷은 첫 번째 등지느러미의 형태와 색깔, 생식돌기의 크기 및 뒷지느러미의 색깔과 같은 형질을 이용하여 구분된다. 몸길

이는 최대 18cm까지 성장한다.

생태 및 분포 : 우리나라 남해안의 모래 바닥에서 주로 생활한다.

문절망둑

낙동강 하구의 주인 문절망둑

Order Perciformes 농어목
Family Gobiidae 망둑어과
Acanthogobius flavimanus (Temminck and Schlegel, 1845) 문절망둑
영명 : Genuine goby, common blackish goby

특징 : 철새들이 모여드는 낙동강 하구에는 먹이 찾는 철새 마냥 수많은 낚시꾼들이 낚시를 즐기는 모습을 볼 수 있다. 이 낚시꾼들이 쉽게 잡을 수 있는 물고기는 『문절망둑』으로 기수역이나 내만에 주로 출현하기 때문에 우리에게 친숙한 물고기다. 우리나라 속담에 '꼬시래기 제 살 뜯기' 라는 말이 있는데 여기서 나온 '꼬시래기' 가 바로 『문절망둑』이며, 『문절망둑』의 식탐이 왕성하기 때문에 속담에서도 주인공으로 등장하는 것이다. 산란기를 맞은 『문절망둑』의 수컷은 갯벌의 조간대

에 'Y자 모양'의 산란실을 만들고 암컷을 유인해 산란(産卵)하게 하고 이를 지키는 습성이 있다.

형태 : 몸의 앞부분은 크고 원통형이지만 꼬리지느러미 부분은 작고 타원형을 이루고 있다. 눈은 작고 머리의 등 쪽에 위치하며, 입은 크고 주둥이 끝에 열린다. 배지느러미는 흡반으로 변형되어 있으며 몸 빛깔은 담갈색 바탕에 어두운 반점이 흩어져 있고 꼬리지느러미 위쪽에 톱니 모양의 반점이 있다. 등지느러미에도 검은 점들이 경사를 이루며 배열되어 있는 것이 특징이다. 몸길이는 최대 30cm까지 성장한다.

생태 및 분포 : 우리나라 서해 남부와 남해안의 얕은 내만, 강 하구 기수역에서 주로 생활한다. 매년 2~5월에 산란을 하는데 먹이로는 작은 물고기들이나 동물들을 잡아먹고 어린 시기에는 부착 조류를 좋아한다.

사자코망둑

점무늬가 모래알과 닮은 사자코망둑

Order Perciformes 농어목
Family Gobiidae 망둑어과
Istigobius campbelli (Jordan and Snyder, 1901) 사자코망둑
영명 : Pugnose goby

특징 : '망둑어류'는 배 부분에 부채 모양의 흡반을 가지고 있어 바닥에 붙어서 생활할 수 있다. 『사자코망둑』은 '불독'의 형태를 닮아서 『사자코망둑』이라는 이름이 붙어졌다고 하는데 다른 '망둑어류'들과는 달리 비교적 밝은 색체를 가지며, 줄무늬가 뚜렷하여 화려한 느낌을 준다.

형태 : 몸은 원통형이지만 머리는 납작하고 몸의 후반부는 얇게 뻗어 있다. 꼬리지느러미 뒤 가장자리는 바깥쪽으로 둥근 모양이며, 몸 빛깔은 연분홍색 바탕에 깨알 같은 적갈색 점들이 흩어져 있고 눈 뒤쪽에는 어두운색의 줄무늬가 존재한다. 몸길이는 10cm 미만이다.

생태 및 분포 : 난류(暖流)의 영향을 받는 제주도 연안 해역의 바위가 많은 모래 바닥에서 주로 생활하는데 이는 몸에 있는 갈색의 점무늬와 모래 바닥이 유사한 보호색을 띠기 때문이다.

비단망둑

반짝 반짝 빛나는 비단망둑

Order Perciformes 농어목
Family Gobiidae 망둑어과
Istigobius hoshinonis (Tanaka, 1917) 비단망둑
영명 : Hoshino' s goby

비단망둥(상, 하)과 사자코망둥(중)

특징 : 모래가 빛을 받아 반짝거리는 것처럼 물속에서도 지느러미를 한껏 세우고 반짝거리는 피부를 가진 물고기를 만날 수 있다. 이 물고기

는 『비단망둑』으로 성격이 온순하여 웬만큼 다가가도 모래 바닥에서 움직이지 않고 우아함과 여유로운 모습을 보인다.

형태 : 몸은 전체적으로는 원통형으로 머리는 납작하고 눈은 크며 머리의 등 쪽 외곽선에 위치한다. 꼬리지느러미 뒤 가장자리는 부챗살 모양으로 둥글며, 몸 빛깔은 연분홍색 바탕에 직사각형의 옅은 갈색 반점이 몸 중앙을 따라 줄지어져 있다. 각 지느러미들은 반투명하며, 등지느러미와 꼬리지느러미에는 노란색 점들이 줄무늬를 이루고 있으며 지느러미를 펼친 모습이 매우 아름답다. 몸길이는 약 12cm 정도다.

생태 및 분포 : 우리나라 남해안과 제주도의 바위와 모래로 이루어진 지역에서 주로 2~4마리가 무리를 지어 생활한다. 산란기는 3~5월이다.

일곱동갈망둑

먹성이 좋은 꼬시래기류 일곱동갈망둑

Order Perciformes 농어목
Family Gobiidae 망둑어과
Pterogobius elapoides (Günther, 1872) 일곱동갈망둑
영명 : Serpentine goby

특징 : 『일곱동갈망둑』이란 이름처럼 몸에 7개의 검은색 줄무늬가 마치 몸을 토막 내듯이 새겨져 있는 물고기다. 이와 유사한 종으로 '다섯동갈망둑' 과 '흰줄망둑' 이 있는데 이들 역시 몸에 5개의 줄무늬와 옅은 황갈색 줄무늬를 갖고 있어서 붙여진 이름들이다. 『일곱동갈망둑』

은 다른 망둑어류들과 마찬가지로 배지느러미가 흡반형이지만 중층에 떠서 생활하는 것이 특징이다.

형태 : 머리 부분은 상하로 납작하고 원통형의 몸을 가지지만 꼬리 부분으로 갈수록 얇아진다. 몸 빛깔은 연분홍빛 바탕에 검은색의 선명한 줄무늬가 있는데 그 가장자리에는 옅은 노란색의 윤곽선이 있어 더욱 아름답게 보이며, 꼬리자루에 있는 일곱 번째 검은 줄무늬는 개체에 따라 점 모양의 반문으로 나타나기도 한다. 몸길이는 최대 15cm다.

생태 및 분포 : 우리나라 전 연안 해조류와 바위가 많은 연안이나 항구 내에서 주로 생활하는데 대개는 무리를 지어 생활하다가 성숙하면서 단독 생활을 하게 된다. 산란기는 겨울철이며 수컷은 조개껍질이나 돌 밑의 모래를 운반하여 산란장을 만들고 암컷을 유인하여 신혼생활을 시작한다. 알이 부화할 때 까지 수컷은 가슴지느러미를 흔들어 산소를 공급하는 등 알 보호에 자신의 모든 체력을 쏟고 나서는 생을 마감한다. 먹이에 대한 탐식성이 강한 잡식성 물고기다.

다섯동갈망둑

멋스런 줄무늬 옷 다섯동갈망둑

Order Perciformes 농어목
Family Gobiidae 망둑어과
Pterogobius zacalles Jordan and Snyder, 1901 다섯동갈망둑
영명 : Beauty goby

특징 : 가슴지느러미 뒤에서 부터 꼬리지느러미까지 5개의 줄무늬가 가지고 있는 『다섯동갈망둑』은 '일곱동갈망둑' 보다 깊은 수심대에 서식하는 물고기다.

형태 : 『다섯동갈망둑』의 머리 부분은 상하로 납작하고 원통형의 몸을 가지지만 꼬리 부분으로 갈수록 얇아진다. 눈은 크고 양턱의 길이는 비슷하며, 등지느러미는 2개로 구분되지만 가깝게 붙어 있고 꼬리지느러미의 뒤 가장자리가 둥글게 마무리되어 있다. 전체적으로 '일곱동갈망둑' 과 유사한 형태를 가지지만 머리에 검은 띠가 없으며, 몸에 5개의 줄무늬를 갖는 것이 특징이다. 몸 빛깔은 흰색에 가까운 연한 갈색으로 꼬리지느러미 가장자리는 검은색을 보인다. 몸길이는 최대 15cm 정도다.

생태 및 분포 : 우리나라 서해와 제주도를 포함하는 남해안 수심 20~40m의 바위와 모래 바닥에서 서식하며 울릉도 연안에서도 확인되고 있다.

흰줄망둑

줄무늬가 아름다운 흰줄망둑

Order Perciformes 농어목
Family Gobiidae 망둑어과
Pterogobius zonoleucus Jordan and Snyder, 1901 흰줄망둑
영명 : White-girdled goby

특징 : '숭어가 뛰니 망둥이도 뛴다' 라는 속담에서의 '망둥이' 는 자기 분수로 모르고 잘난 척하는 사람을 빗댄 것으로 대체로 부정적인 이미지가 강한 물고기 중 하나다. 하지만 이러한 망둥이 중에서도 '일곱동갈망둑', '다섯동갈망둑' 과 함께 아름다운 줄무늬로 스쿠버다이버들을 흥분시키는 물고기가 『흰줄망둑』이다.

형태 : 머리 부분은 납작하고 몸은 둥글며 길게 뻗어 있다. 눈은 머리의 뒷부분에 치우쳐져 있고 전체적인 형태가 '일곱동갈망둑' 과 매우 닮았으나 첫 번째 등지느러미의 중간 부분이 유난히 길고, 꼬리지느러미 가장자리가 둥근 것이 특징이다. 몸 빛깔은 연분홍빛 바탕에 6~8줄의 노란줄무늬가 존재하며, 두 번째 등지느러미와 뒷지느러미에는 푸른색의 줄무늬를 가지고 있어 『흰줄망둑』이 헤엄치는 모습을 보면 멋진 화장을 한 물고기를 보는 듯하다. 몸길이는 최대 10cm 정도다.

생태 및 분포 : 우리나라 동해와 제주도를 포함하는 남해안의 조간대 또는 수심 20m 미만의 바위 지역에서 주로 생활하며, 때론 중층에 무리지어 이동 중인 것들을 관찰할 수 있다. 산란기는 4월이며, 먹이로는 동물성 플랑크톤이나 새우류 등을 좋아한다.

바닥문절

턱수염이 난 바닥문절

Order Perciformes 농어목
Family Gobiidae 망둑어과
Sagamia geneionema (Hilgendorf, 1879) 바닥문절
영명 : Hairychin goby

특징 : 모래 바닥에서 표범무늬를 한 채 여유로움을 즐기는 녀석은 『바닥문절』이라는 물고기로 가까이 접근하면 큰 눈을 굴리며 주위를 살피다가도 쉽게 도망가지 않는 것이 매우 귀엽게 느껴진다. 『바닥문절』을 구분하기 위한 가장 큰 특징은 아래턱에 있는 짧은 수염으로 이 수염은 각각 따로 놀고 있으며, 20개 이상이기 때문에 아빠의 턱수염 같이 까칠까칠한 느낌이 들곤 한다.

형태 : 머리는 위 아래로 납작하고 몸은 원통형에 가깝지만 꼬리 부분에 이르러서는 얇아진다. 위턱이 아래턱보다 약간 길고, 턱의 뒤끝은 눈 중앙 부분의 아래에 이른다. 몸 빛깔은 연한 갈색 바탕에 7~9개의 갈색 반점이 존재하고, 첫 번째 등지느러미에 검은 반점이, 꼬리지느러미에는 흑갈색을 보인다. 몸길이는 10cm 정도의 소형 망둑어다.

생태 및 분포 : 우리나라 제주도를 포함하는 남해안 일대의 모래 바닥에서 주로 생활한다.

두줄망둑

작지만 강한 두줄망둑

Order Perciformes 농어목
Family Gobiidae 망둑어과
Tridentiger trigonocephalus (Gill, 1859) 두줄망둑
영명 : Striped tripletooth goby, trident goby

특징 : '망둑어과' 에 속하는 물고기들의 가장 큰 특징은 다른 물고기에서 보지 못하는 '흡반' 을 가지고 있는 것으로 좌우의 배지느러미 1쌍이 융합되면서 둥근 '흡반' 으로 변형된 것인데 이를 이용하여 바닥에 부착할 수 있다. 서해안에서는 썰물이 일어날 때, 미처 빠져나가지 못하고 조그만 웅덩이에 무리지어 있는 『두줄망둑』의 모습을 종종 볼 수 있는데 날렵한 몸매에 비해 둔하다는 느낌을 받기도 한다. 하지만 『두줄망둑』은 다른 물고기를 공격할 만큼 용맹하여 수족관에 간혹 『두줄망둑』을 사육하다 보면, 덩치가 큰 물고기들을 공격하기도 하고 제법 덩치가 큰 물고기들도 『두줄망둑』 앞에서는 기를 펴지 못하는 모습을 종종 볼 수 있다.

형태 : 몸은 작고 앞부분은 원통형으로 뒤로 갈수록 얇아지는 몸을 가지고 있다. 머리 부분은 다소 납작한 모양이며 몸 빛깔은 연한 갈색바탕에 등과 몸 중앙에 2개의 줄무늬가 있고 아래쪽 줄무늬는 주둥이 끝부분에서 꼬리 부분까지 이어진다. 아가미뚜껑에는 밝고 둥근 점들이 흩어져 있으며, 등지느러미 가장자리는 노란색을 보인다. 몸길이는 최대 10cm까지 성장한다.

생태 및 분포 : 우리나라 전 연안이나 기수역 바위와 개펄 지역에서 주로 생활한다.

꼬마줄망둑

팅커벨 크기 꼬마줄망둑

Order Perciformes 농어목
Family Gobiidae 망둑어과
Trimma grammistes (Tomiyama, 1936) 꼬마줄망둑
영명 : Striped sleeper

특징 : 어린 시절 재미난 동화책 '피터팬' 에서는 주인공인 '피터팬' 을 따라다니며 도움을 주는 '팅커벨' 이 출현하는데 작은 몸에 투명한 날개를 단 요정으로 요술 가루를 뿌려 날아다닐 수 있게 해준다. 이러한 요정을 바다 속에서 만난다면 『꼬마줄망둑』이 아닐까 생각된다. 『꼬마줄망둑』은 '팅커벨' 같이 매우 작은 크기의 몸을 가지며, 투명한 지느

러미가 '팅커벨' 의 날개를 닮았고 검은 줄무늬와 흰색 줄무늬가 어우러져 매우 작고 귀여운 모습을 우리에게 선사한다.

형태 : 머리가 큰 편이며 원통형의 몸은 꼬리 부분으로 갈수록 가늘고 얇아진다. 아래턱이 위턱보다 돌출되어 있으며, 꼬리지느러미 뒷부분이 직선형에 가깝다. 몸 빛깔은 연분홍 바탕에 주둥이에서 몸 끝부분까지 검은 줄무늬가 있으며 눈 위에 검은 바탕에 흰색 줄이 뚜렷하고 각 지느러미들이 투명하다. 몸길이는 최대 4cm에 불과한 매우 작은 물고기다.

생태 및 분포 : 우리나라 제주도의 연안 바위 지역에서 서식한다.

제비활치

남쪽에서 이사 온 멋쟁이 제비활치

Order Perciformes 농어목
Family Ephippidae 활치과
Platax pinnatus (Linnaeus, 1758) 제비활치
영명 : Angel fish, butterfly fish, dusky batfish

특징 : 열대성 물고기인 『제비활치』는 난류(暖流)의 영향을 받는 제주도 연안, 남해, 동해 왕돌초 등지에서 관찰되는 물고기다. 오늘날에는 아름다운 우리말인 『제비활치』로 불리지만 예전에는 영명인 'bat-fish'로 알려져 '박쥐고기' 라는 이름으로 불리던 때도 있었다. 무늬와 모양이 마치 제비를 닮았고, 지느러미가 매우 길고 펼쳐진 모습이 시위가 당겨진 활의 모습을 닮았다고 하여 『제비활치』라는 이름이 붙었는데 물속에서 이들을 만나면 호기심이 많기 때문에 가까이 다가와서 큰 눈망울을 이리저리 굴리면서 주위를 맴돈다. 그러한 모습들이 화려한 지느러미와 무늬가 어울려져 매우 아름답게 느껴진다.

형태 : 몸은 등 부분에서 배 부분까지의 몸높이가 높아 마름모꼴 형태다. 등지느러미와 뒷지느러미는 줄기가 길어서 마치 삼각형의 형태를 하고 있으며, 꼬리지느러미의 끝은 직선에 가깝다. 몸 빛깔은 회갈색 바탕에 머리에서 가슴지느러미까지 2개의 줄무늬가 돋보이며, 검은색을 보이는 배지느러미가 길게 늘어져 있다. 몸길이는 40cm 전후다.

생태 및 분포 : 우리나라 제주도와 남해안의 연안 산호나 바위 지역에서 2~3마리씩 무리지어 생활하며, 잡식성이다. 가끔 해파리를 공격하는 장면도 목격되기도 한다.

납작돔

점박이 옷을 입은 납작한 납작돔

Order Perciformes 농어목
Family Scatophagidae 납작돔과
Scatophagus argus (Linnaeus, 1766) 납작돔
영명 : Spotted scat

특징 및 형태 : 등 부분에서 배 부분까지의 몸높이가 높은 타원형으로 몸통은 좌우로 납작하여 '나비고기과' 와 형태가 비슷하다. 일부에서는 『납작돔』이란 이름 대신 '점박이돔' 으로 부르기도 한다. 한편으로는 '강담돔' 이나 '돌돔' 과 형태적으로 매우 닮았으나 몸에 나타나는 점무늬가 다소 차이가 있다. 몸 빛깔은 은회색 바탕에 크고 작은 검은 반점들이 흩어져 있는데 성장하면서 반점의 크기가 작아지고 그 수가 늘어난다. 등지느러미는 1개이고, 꼬리지느러미의 끝부분은 약간 볼록하게 나와 있다. 몸길이는 약 35cm까지 성장한다.

생태 및 분포 : 비교적 따뜻한 수온을 좋아해 우리나라 제주도와 서해안 일대에서 나타난다. 어릴 때에는 염분이 적은 기수 지역에서 주로 생활하다가 성어가 되면 조금 흐린 내만이나 연안에 살면서 녹조류나 주변의 작은 동물들을 먹는다.

독가시치

지느러미에 독을 가진 독가시치

Order Perciformes 농어목
Family Siganidae 독가시치과
Siganus fuscescens (Houttuyn, 1782) 독가시치
영명 : Rabbit fish

특징 : 『독가시치』는 이름 그대로 독이 있는 가시(지느러미)를 가진 물고기다. 독이 있는 가시에 찔리게 되면 통증이 매우 심하고 오래 간다고 해서 제주도에서는 '따치'라고 부르는데 횟감으로 인기가 높으며 밤이 되면 바위에 기대어 자는 습성이 있다.

형태 : 몸은 난형이며 머리는 작고 몸통과 꼬리지느러미를 이어주는 꼬리자루는 매우 얇으면서 긴 편이다. 주둥이 생김새가 토끼의 입을 닮았으며 몸 빛깔은 노란색 혹은 황갈색 바탕에 흰색 반점이 흩어져 있다. 몸길이는 약 30cm 정도다.

생태 및 분포 : 우리나라 제주도를 포함하는 남해안과 울릉도의 바위가 많은 연안에서 주로 생활하며 따뜻한 바다를 좋아하고 산란기는 7~8월

이다. 무리 짓는 습성이 강하며 먹이로는 해조류를 좋아하기 때문에 죽으면 살에서 독특한 냄새가 난다.

깃대돔

저고리 고름을 늘어뜨린 깃대돔

Order Perciformes 농어목
Family Zanclidae 깃대돔과
Zanclus cornutus (Linnaeus, 1758) 깃대돔
영명 : Moorish idol

특징 : 산호초의 화려한 색상을 닮은 『깃대돔』은 열대어종으로 늘 수컷과 암컷이 짝을 이루고 있다. 그 모습이 금실 좋은 부부의 모습처럼 보이기 때문에 바다의 잉꼬가 아닐까 생각된다.
『깃대돔』이라는 이름은 등지느러미에 실 모양의 긴 가시를 가지고 있는 모습이 마치 깃대를 곧추세운 모습과 흡사하다고 하여 붙여진 이름이다. 산호초 주변에서 주로 생활하는 『깃대돔』은 겁이 많기 때문에 물

속에서 쉽게 만나기는 힘들며 모양새가 '두동가리돔'과 매우 닮았으나 『깃대돔』은 주둥이가 긴 원뿔형인 것이 특징이다.

형태 : 몸은 등 부분에서 배 부분까지의 몸높이가 높아 마름모의 형태를 보이며 등지느러미가 실처럼 매우 길게 늘어져 있는 것이 특징이다. 몸 빛깔은 앞쪽이 흰색, 뒤쪽은 노란색을 보이는데 그 사이에 2개의 폭넓은 검은 줄무늬가 있고, 꼬리지느러미는 검지만 가장자리에 청백색의 테두리가 보인다. 몸길이는 최대 20cm다.

생태 및 분포 : 대마난류의 영향을 받는 남해와 제주도의 연안 산호초와 바위 지역에서 주로 생활하며 먹이로는 해면류나 해조류를 좋아한다.

쥐돔

붉은 립스틱 쥐돔

Order Perciformes 농어목
Family Acanthuridae 양쥐돔과
Prionurus scalprum Valenciennes, 1835 쥐돔
영명 : Sawtail, surgeonfish

특징 : 『쥐돔』은 살찐 '쥐치' 로 착각하기 쉽다. 이 물고기의 입술은 매우 뾰족하게 돌출되어 있어 불만이 가득한 사람의 입 모양을 보는 듯하지만 그 빛깔이 붉게 물들어 있어 화장을 곱게 하고는 그 입술을 뽐내는 것같이 보이기도 하다.

낚시 주대상어는 아니지만 가끔 제주도에서 잡히는 손님고기로 힘이 매우 좋아 낚시꾼들을 깜짝 놀라게 한다. 살에는 독특한 향이 있어 조금씩 평가가 엇갈리는 물고기지만, 단단한 근육이 발달되어 있어 횟감으로도 인기가 있다.

형태 : 몸은 난형이며 꼬리 부근에는 '양쥐돔과' 의 특징인 앞쪽으로 향한 2개의 강한 가시를 가지고 있다. 뒷지느러미는 몸의 중간 부분에서 시작되며, 꼬리지느러미 뒤 가장자리는 안쪽으로 둥글게 패여 있다. 입은 매우 작고 뾰족하며, 머리 부분을 보면 매우 귀여운 인상이다. 몸 빛깔은 전체적으로 흑회색을 보이며, 어린 시기에는 꼬리 부분이 흰색을 보이다가 성장하면서 검은 색으로 변한다. 또한 등지느러미와 뒷지느러미의 가장자리에는 희미한 파란색 줄무늬가 존재한다. 몸길이는 최대 50cm 전후다.

생태 및 분포 : 난류(暖流)의 영향을 받는 우리나라 제주도, 남해안 연안의 수심 5~10m의 바위와 해조 지역에서 무리지어 생활한다.

꼬치고기속

주둥이가 뾰족한 꼬치고기속

Order Perciformes 농어목
Family Sphyraenidae 꼬치고기과
Sphyraena sp. 꼬치고기속
영명 : Barracudas

특징 : 우리나라에서는 『꼬치고기』속에 속하는 물고기로 '애꼬치', '창꼬치' 그리고 『꼬치고기』를 포함하여 3종이 알려져 있다. 속명인 Sphyraena는 그리스어로 '망치'를 의미하는데 주둥이가 뾰족하게 뻗어 있고 아래턱이 위턱보다 돌출되어 있는 모습이 망치를 닮아서 붙여진 이름이다.

살은 희고 지방이 적당하여 맛이 좋은 편인데 특히 일본인들이 좋아하고 소금구이로 먹거나 말려서도 먹는다. 성질이 매우 사납고 공격적이어서 맨손으로 건드리면 물릴 수 있는 물고기다.

형태 : 몸은 길고 날카로운 이빨을 가지고 있으며 꼬리지느러미 뒤 가장자리는 안쪽으로 깊게 패여 있다. 몸 빛깔은 등 부분이 갈색 혹은 회색빛이고 배 부분은 연한 색을 보인다. 몸길이는 약 30cm 정도다.

생태 및 분포 : 연안의 얕은 모래 지역에 주로 생활하며 겨울에는 제주도 남부 해역에서 월동하다가, 수온이 상승하는 시기가 되면 산란(産卵)을 하고 먹이를 얻기 위해 북쪽으로 올라오며, 여름과 가을에 우리나라 남해 및 동해안 일대에서 많이 출현하여 이 시기에 정치망에서 어획된다. 초여름인 6~7월경에 산란하며, 산란기 동안 여러 번에 나누어 알을 낳는다.

고등어
어머니와 고등어

Order Perciformes 농어목
Family Scombridae 고등어과
Scomber japonicus Houttuyn, 1782 고등어
영명 : Chub mackerel

특징 : 『고등어』는 어린 시절부터 쉽게 접해 온 국민 물고기 중 하나다. 값싸고 배불리 먹을 수 있어 인기가 많으며, 어떤 가수는 고등어를 주인공으로 하는 노래까지 만들었다. 이런 고등어는 손쉽게 잡을 수 있지만 교통과 냉장 시설이 발달하지 못했던 예전에는 한꺼번에 많이 잡히고 쉽게 상하는 『고등어』를 신선하게 유통시키는 것이 큰 걱정이었다.

그래서 생겨난 것이 소금에 절여 팔게 된 '자반고등어' 였으며, 오늘날에는 일본에서 개발된 침술을 이용하여 『고등어』를 회로도 즐길 수 있는 물고기가 되었지만 성질이 급하여 빨리 죽어버리는 단점 때문에 산지에서 선어 상태로 고등어 회를 즐기기 위해서는 항상 식중독은 조심해야 할 것이다.

또한 필자는 어린 시절 『고등어』 알레르기가 있었던 기억이 있다. 이는 등푸른 생선이 가지는 '히스티딘(histidine)' 이라는 아미노산 때문으로 『고등어』가 죽으면서 세균 작용에 의해 이 물질이 '히스타민(histamine)' 으로 변하여 알레르기를 일으키게 되는 것이다.

형태 : 『고등어』의 몸은 날쌘 방추형으로 눈은 머리의 중앙보다 약간 위에 위치한다. 꼬리지느러미 뒤 가장자리는 안쪽으로 깊게 패어 있으며 등지느러미와 뒷지느러미 뒤로는 토막지느러미를 볼 수 있다. 몸 빛깔은 등 부분이 연한 푸른색 바탕에 검은색 물결무늬가 보이며 배 부분은 밝은 은색에 가깝다. 몸길이는 최대 1m까지 성장한다.

생태 및 분포 : 우리나라 전 해역에 연안 표층성 물고기로 무리지어 생활하는 습성이 있다. 『고등어』는 따뜻한 물을 좋아하기 때문에 수온이 올라가고 먹이가 풍부해지는 봄이 되면 대규모 이동을 시작하는데 수온 15~16℃를 가장 좋아하고 2~3월경이면 제주도 성산포 연안에 몰려든 무리가 점차 동해와 서해로 점차 북상했다가 여름을 보내고 날씨가 쌀쌀해지는 9월부터 이듬해 1월에는 다시 남하하여 제주도 깊은 바다에서 월동한다. 먹이로는 작은 물고기들을 좋아한다.

삼치

날렵한 체형의 삼치

Order Perciformes 농어목
Family Scombridae 고등어과
Scomberomorus niphonius (Cuvier, 1832) 삼치
영명 : Japanese Spanish mackerel

특징 : 정약전의《자산어보(玆山魚譜)》에서 『삼치』는 등에 있는 검은 반점으로 인해 구렁이를 닮은 물고기로 소개되었다. '고등어' 를 닮았으나 크기는 더 크고 물 위로 높게 뛰어 오를 수 있는 힘을 가지고 있다. 남해안에서 선장들은 '사라' 라 부르며 회 맛이 매우 고소하여 선장들끼리도 입단속하며 몰래 먹는 물고기가 바로 『삼치』라 전해 내려온다. 한때 가을에 남해안에서 잡힌 대형 『삼치』는 전량 일본으로 수출되던 때도 있었으며 지금도 고급 횟감으로 인기가 있고 살이 희고 맛이 있어 구이도 인기가 높다.

형태 : 『삼치』의 몸은 길고 등 부분에서 배 부분까지의 몸높이가 낮은 방추형으로 양턱에 삼각형의 날카로운 이빨을 가지며, 주둥이가 뾰족

하다. 가슴지느러미 뒤 가장자리가 뾰족하고 꼬리지느러미는 중앙 부위가 안쪽으로 깊게 패인 형태다. 몸 빛깔은 등 부분이 회청색, 배는 금속성 광택을 띤 은백색으로 옆구리에는 작은 회색 반점이 7~8개가 줄지어 있고, 등지느러미는 약간 검으며 뒷지느러미는 흰색이다. 몸길이는 최대 1m까지 성장한다.

생태 및 분포 : 우리나라 서해와 남해의 표층해역에서 주로 관찰되며, 봄~여름에는 산란(產卵)과 먹이섭취를 위해 연안 또는 북쪽으로 이동하고, 가을~겨울에는 월동을 위해 남쪽으로 이동한다. 산란기는 4~6월이며, 먹이로는 작은 물고기들을 좋아한다.

넙치

대중화의 일인자, 횟집의 팔방미인 넙치

Order Pleuronectiformes 가자미목
Family Paralichthyidae 넙치과
Paralichthys olivaceus (Temminck and Schlegel, 1846) 넙치
영명 : Bastard halibut, olive flounder

특징 : 우리나라 횟집에 가면 가장 인기 있는 물고기가 『넙치』다. '광어' 라고도 불리지만 이는 생김새가 넓적한데서 따온 한자어로 1980년대 중반부터 양식을 통해 대량 생산이 가능하고 맛이 좋기 때문에 흔하게 맛볼 수 있는 물고기가 되었다고 한다.

간혹 '3월 광어는 개도 안 먹는다' 라고 하여 계절에 따라 맛이 달라짐을 기록하고 있는데 이는 3월 산란기의 『넙치』는 영양소가 다 빠져 나간 상태이기 때문에 이러한 속담이 생겨난 것이며, 오늘날에는 양식을 통해 1년 사시사철 저렴하고 맛있게 먹을 수 있다. 이렇게 『넙치』가 대중화되어 인기가 높다보니 웰빙 음식으로 '감귤 먹인 넙치', '표고 먹인 넙치' 그리고 '인삼 먹인 넙치' 등이 출현하였는데 이는 그 지역의 특산품이나 인기 약재를 이용한 『넙치』를 이용하여 적지 않은 홍보 효과를 보고 있다고 한다.

형태 : 자연산 『넙치』들은 모래 바닥에 바짝 붙은 채로 눈동자만 볼록 솟아 있는데, 다가갈 요량이면 이내 비행접시처럼 날아올라 빠르게 이동한다.

몸은 타원형이며, 바닥에 밀착하기 용이하도록 납작한 형태다. 알에서 부화한지 얼마 안 된 시기에는 형태적으로 다른 물고기들과 큰 차이가 없으나 성장 중(몸길이 1.5cm 전후) 변태(變態)의 과정을 거치면서 납작한 형태로 변하며 저서생활을 시작한다. 눈은 마주 보았을 때, 좌측에 위치하게 되며, 꼬리지느러미 뒤 가장자리는 중앙이 약간 돌출되어 있다. 몸 빛깔은 눈이 있는 쪽이 황갈색 또는 흑갈색 바탕에 흰색 반점이 있으며, 눈이 없는 바닥 부분은 흰색을 보이지만 양식(養殖)의 경우, 바닥 부분이 검은색을 보이기도 한다. 이를 흑화현상이라고 하며, 이를 통해 자연산과 양식산을 구분할 수 있다. 몸길이는 최대 1m까지 성장한다.

생태 및 분포 : 우리나라 전 해역의 수심 10~200m의 연안에서 생활하며, 육식성으로 먹이로는 작은 어류들을 먹는다.

점넙치

크기가 작아 경제적 가치가 적은 점넙치

Order Pleuronectiformes 가자미목
Family Paralichthyidae 넙치과
Pseudorhombus pentophthalmus Günther, 1862 점넙치
영명 : Five spots flounder

특징 : '넙치' 는 상업성이 뛰어난 물고기로 양식업을 통해 대량 공급되고 있지만, '넙치' 종류 중에서도 크기가 약 20cm 미만의 『점넙치』는 경제적 가치가 없는 물고기 중에 하나다. 우리나라 동해안과 남해안에서 많이 잡히고는 있지만 다른 물고기들에 비해 잡어 취급받기 일쑤며, 생김새가 요리재료로 인기가 많은 '물가자미' 와 매우 닮았지만 배 부분을 우리 눈앞에 두고 봤을 때 눈이 왼쪽에 위치하면 『점넙치』, 눈이 오른쪽에 위치하면 '물가자미' 로 구분할 수 있다.

형태 : 몸은 긴 타원형으로 매우 납작해서 바닥에 붙어서 생활하기에 편리하다. 꼬리지느러미 뒤 가장자리는 삼각형에 가깝고 눈은 넙치와 마찬가지로 좌측에 위치한다. 몸 빛깔은 눈이 있는 위쪽은 밝은 황색을 보이고 5개의 둥근 흑색 무늬가 선명하게 나타나는데 반점 주변으로는 밝은색 테두리가 있다. 모든 지느러미는 연한 회갈색을 보이고 눈이 없

는 아래쪽은 흰색을 보인다. 몸길이는 약 20cm 정도다.

생태 및 분포 : 우리나라 동해안과 남해안에서 수심 40~80m의 모래 바닥이나 개펄바닥에서 생활하며 산란기는 3~8월로 먹이는 주로 갑각류나 갯지렁이류를 좋아한다.

물가자미

영덕의 또 다른 축제 물가자미

Order Pleuronectiformes 가자미목
Family Pleuronectidae 가자미과
Eopsetta grigorjewi (Herzenstein, 1890) 물가자미
영명 : Roundnose flounder, shotted halibut

특징 : 경북 영덕 지방은 달고 부드러운 속살이 일품인 대게로 유명하지만 『물가자미』도 축제를 할 만큼 유명한 먹을거리로 유명하다. 물가자미는 양식이 되지 않는 순수 자연산으로 회, 찌개, 밥식해(가자미식해)로 조리되어 미식가들 사이에서 일품요리로 평가받고 있으며, 그 맛이 고소하고 담백하다고 한다. 특히 동해안 지방에서는 '미주구리' 라 부르며 뼈 속에는 칼슘이 풍부하여 뼈를 다친 환자나 수술한 환자들에

게 특효약으로 인정받고 있으며 상업적 가치가 높은 물고기다.

형태 : 몸은 긴 타원형으로 눈은 몸의 오른편에 위치하며, 위쪽 눈이 아래쪽 눈보다 조금 큰 것이 특징이다. 아래턱이 위턱보다 조금 앞쪽에 위치하며, 꼬리지느러미 뒤 가장자리는 낮은 삼각형을 이룬다. 몸 빛깔은 눈이 있는 쪽이 갈색으로 몸 중앙에는 짙은 갈색의 둥근 무늬가 6개 존재하며, 눈이 없는 쪽은 흰색이다. 몸길이는 약 40cm 전후까지 성장한다.

생태 및 분포 : 우리나라 전 연안의 비교적 따뜻한 바다에서 생활하며, 먹이로는 새우나 게 등을 좋아한다. 봄(1~6월)에는 우리나라 동해안에서 산란하는데 이때 잡히는 『물가자미』가 특히 맛있어서 축제도 봄에 열리고 있다.

참가자미

넙치와 사촌 지간인 참가자미

Order Pleuronectiformes 가자미목
Family Pleuronectidae 가자미과
Pleuronectes herzensteini (Jordan and Snyder, 1901) 참가자미
영명 : Brown sole, small-mouth sole

특징 : 『참가자미』는 모래 바닥에 엎드린 채 한껏 보호색을 띠며 안심하고 있다. 생김새가 '넙치' 와 매우 닮았으나 자세히 살펴보면 눈의 위치가 반대인 것을 알 수 있다. 마주 보았을 때, 두 눈이 좌측으로 몰려

있으면 '넙치' 이지만 우측으로 몰려 있으면 '가자미류' 다.

'가자미과' 물고기 중 『참가자미』는 '참' 자가 붙어 그 맛을 인정받는 물고기이며 '넙치' 와는 모양도 닮았지만 맛도 좋아 인기가 높다. 특히 양식 '넙치' 보다는 가격이 비싼데, 이는 양식 '넙치' 는 대량 생산이 가능하지만 『참가자미』는 성장속도가 늦어 양식이 이루어지지 않고 있기 때문이다. 특히, 『참가자미』는 봄에 맛이 뛰어난데 이는 1~3월의 산란기가 지나고 나면 『참가자미』의 영양분이 차 오르기 때문이다.

형태 : 몸은 폭이 넓은 타원형이며, 바닥에 밀착하기 용이하도록 납작한 형태이고 두 눈이 다소 솟아 있다. 주둥이는 작고 뾰족하며, 옆줄이 가슴지느러미 위에서 둥글게 위로 휘어져 있는 것이 특징이다. 눈이 있는 쪽 몸은 황갈색 바탕에 흰색 점들이 흩어져 있으며, 반대쪽 눈이 없는 쪽은 흰색이다. 형태가 유사한 '문치가자미' 와는 눈이 없는 몸의 꼬리자루 부위에 'V자 모양' 으로 노란색 무늬가 선명하여 구분된다. 몸길이는 40cm 이상 성장할 수 있다.

생태 및 분포 : 우리나라 동해안의 비교적 깊은 수심 150m 이내의 바닥에서 주로 생활하며, 먹이로는 조개류와 새우류를 좋아한다.

각시서대

화장을 마친 각시서대

Order Pleuronectiformes 가자미목
Family Soleidae 납서대과
Pseudaesopia japonica (Bleeker, 1860) 각시서대
영명 : Wavy-banded sole, seto sole

특징 : 생김새는 '가자미' 나 '넙치' 를 닮았지만 화려한 색깔과 날씬한 몸매로 스쿠버다이버의 시선을 끄는 녀석이 있다. 『각시서대』는 마치 화장을 마친 새색시처럼 얌전히 바닥에 엎드려 있다가도 몸을 덮어버린 모래를 치워주려고 다가가면 이내 다른 곳으로 숨어버리곤 한다.

형태 : 몸은 긴 타원형으로 전체적으로 바닥 생활에 익숙하도록 납작하다. 머리는 작은 편으로 눈은 몸의 오른쪽에 쏠려 있으며, 두 눈 사이의 간격이 좁은 편이다. 주둥이 끝은 둥글고 꼬리지느러미의 끝부분도 둥글게 마무리되어 있으며, 꼬리지느러미와 뒷지느러미, 등지느러미는 합쳐져 있으나 경계는 뚜렷한 편이다. 눈이 있는 쪽의 몸 빛깔은 황갈색 또는 담갈색 바탕에 9~13쌍의 흑갈색 줄무늬가 있으며, 등지느러미

와 뒷지느러미의 가장자리는 검은색 또는 짙은 푸른색을 보인다. 몸길이는 최대 20cm까지 성장한다.

생태 및 분포 : 우리나라 남해안과 제주도 연안의 모래 바닥에서 주로 생활하며, 먹이로는 지렁이를 좋아한다. 산란기는 겨울에서 이듬해 봄까지다.

그물코쥐치

쥐치의 새끼로 오해받는 그물코쥐치

Order Tetraodontiformes 복어목
Family Monacanthidae 쥐치과
Rudarius ercodes Jordan and Fowler, 1902 그물코쥐치
영명 : Network filefish

특징 : 『그물코쥐치』는 '쥐치과' 물고기 중에서 가장 작은 물고기다. 그 크기가 너무 작다 보니 '쥐치'의 새끼로 오인 할 수도 있겠지만, 완전히 다른 종이다. 이렇게 작은 물고기가 먹이를 먹기 위해 지느러미를 움직이는 것을 보면 매우 귀엽기 때문에 관상용으로도 인기가 많다.

형태 : 몸은 마름모의 형태로 마치 물고기를 잡는 그물의 뚫려 있는 구멍 같기도 하고 체측의 다각형의 무늬 또한 그물코를 닮았다고도 해서 『그물코쥐치』라 불린다. 머리끝에는 가시 모양의 뿔이 돋아 있는데 상대를 위협하거나 위협을 받을 때는 이것을 곧추세운다. 이 뿔이 대단히

단단하며 뾰족해서 몸은 작지만 적으로부터 자신을 보호하는 데 문제가 없어 보인다. 몸 빛깔은 황갈색 또는 갈색 바탕에 흰색 반점이 흩어져 있으며, 꼬리 자루 위에는 작은 가시들이 촘촘하게 돋아 있다. 주둥이는 뾰족하고 껍질은 대단히 거칠고 딱딱하기 때문에 마치 사포를 만지는 듯하다. 몸길이는 5~10cm 정도인 작은 물고기다.

생태 및 분포 : 우리나라 남해와 동해의 수심 20m 미만의 바위 지대와 해조류가 많은 곳에서 주로 생활한다.

쥐치

'찍-찍-' 소리를 내는 쥐치

Order Tetraodontiformes 복어목
Family Monacanthidae 쥐치과
Stephanolepis cirrhifer (Temminck and Schlegel, 1850) 쥐치
영명 : Filefish, porky

특징 : 주둥이가 튀어나와 있고 이빨은 넓적하며 끝이 뾰족하여 그 형태가 마치 '쥐'를 닮았다고 하여 『쥐치』라고 부른다. 또 덩치 큰 회흑색의 '말쥐치'와 구분하여 남해안에서는 '노랑쥐치'로 부르기도 한다. 작은 지느러미들을 좌우로 흔들면서 헤엄치는 모습은 마치 '복어류'를 연상시키는데 사실 이들은 분류학적으로 가까운 사이이다.

『쥐치』는 낚시꾼들에게 '미끼도둑'으로 환영 받지 못하며 일부에서는 횟감으로 평가 받기도 하지만 아직 그 명성은 일부 미식가들에게 한

정되어 있다. 가끔은 『쥐치』들이 가시투성이인 성게를 공격하는 모습을 보기도 하는데 물을 내뿜어서 성게를 뒤집고는 배 부분을 공격한다. 그 때 성게의 가시가 『쥐치』의 공격을 방어할 수 있을까 하지만 『쥐치』의 단단한 가죽은 가시의 위협을 막아낼 수 있다.

형태 : 몸은 등 부분에서 배 부분까지의 몸높이가 높은 난원형으로 눈은 작고 주둥이가 뾰족하게 돌출되어 있으며, 입은 그 끝에 작게 열린다. 등지느러미는 2개로 나뉘는데 앞쪽 등지느러미는 크고 강하게 가시로 변해 있어 세웠다 누일 수 도 있다. 수컷은 두 번째 등지느러미의 첫마디가 실처럼 길게 연장되어 있어 암컷과 쉽게 구분되며 꼬리지느러미 가장자리는 둥글게 나와 있다. 몸 빛깔은 주변 환경에 따라 변이가 심하며, 보통은 회갈색 바탕에 불규칙인 줄무늬가 나타나고 모든 지느러미는 노란색을 보인다. 몸길이는 약 20cm 정도다.

생태 및 분포 : 우리나라 남해와 동해의 바위 지역에 무리지어 살고 있으며 살아 있을 때 물 밖으로 나오면 '찍-찍-' 하는 소리를 내는 것이 마치 '쥐' 가 내는 소리와 흡사하다.

말쥐치

쥐포로 일약 스타가 된 말쥐치

Order Tetraodontiformes 복어목
Family Monacanthidae 쥐치과
Thamnaconus modestus (Günther, 1877) 말쥐치
영명 : Black scraper, filefish

특징 : 어린 시절 간식용으로 많이 먹던 쥐포는 『말쥐치』를 조미하여 말린 것이다. 『말쥐치』는 '쥐치' 와는 달리 긴 타원형 몸을 가지는 것이 큰 특징이다. 머리와 뼈, 껍질을 제외하고 나면 먹을 수 있는 살은 덩치에 비하여 소량이지만 『말쥐치』를 사용하여 만들었던 쥐포는 아직까지도 우리나라 국민들이 좋아하는 간식거리다. 그러나 최근에는 자원량이 줄어들어 외국에서 많은 양을 수입해서 먹고 있다.

『말쥐치』 자원량의 급감은 정확한 이유를 알 수 없지만 최근 여름철이면 우리나라 연안에 불청객으로 등장하는 '해파리' 수의 증가와 어떤 관계가 있는 것이 아닐까하는 의문을 가지는 이들도 있다.

형태 : 몸은 타원형으로 눈은 작고 가슴지느러미는 위쪽에 위치한다. 주둥이는 길게 뻗어 나와 있으며 입은 그 끝에 작게 열린다. 첫 번째 등지느러미는 송곳처럼 강하게 발달해 있으며, 눈 위의 약간 뒤쪽에 위치하고 꼬리지느러미 뒤 가장자리는 둥그스름하며, 몸 전체가 작은 융털 모양의 비늘로 덮여 있어 까칠까칠하다. 몸 빛깔은 변이가 심하지만 일반적으로 회청색 또는 회백색 바탕에 흑갈색 무늬가 불규칙하게 존재하며 각 지느러미들은 녹색을 띤다. 몸길이는 최대 40cm까지 성장한다.

생태 및 분포 : 우리나라 전 연안의 중 · 저층에서 무리지어 생활하는데 어린 시기에는 떠다니는 해조류 아래에 모여 살아간다. 탐식성이 매우 강하며 먹이로는 작은 동물들을 좋아한다.

거북복

장갑차를 닮은 거북복

Order Tetraodontiformes 복어목
Family Ostraciidae 거북복과
Ostracion immaculatus Temminck and Schlegel, 1850 거북복
영명 : Black-spotted boxfish

특징 : 수중 잠수 조사를 하다보면 마치 장난감 장갑차를 닮은 물고기가 물속에서 헤엄쳐 다니는 모습을 볼 수 있다. 『거북복』의 몸은 각이 져 있어서 다른 물고기들과는 생김새가 다르며 신기하기도 하고 귀여운 모습이다. 『거북복』은 다른 '복어류' 물고기들이 가지는 독성(毒性)이 적고 가시 같은 방어기작이 없기 때문에 딱딱한 골판(骨板)으로 몸 전체를 덮어서 자신을 보호하며 꼬리 부분이 가늘게 뻗어 있다.

형태 : 몸 빛깔은 황갈색 또는 녹갈색 바탕에 각 비늘판에는 흑청색의 원형 반점이 있고 입의 크기가 매우 작으며 배지느러미가 없는 것이 특징이다.

피부에는 점액성 독소(毒素)가 있으나 근육과 내장에는 독소가 없어 식용이 가능하다. 몸길이는 최대 30cm 정도다.

생태 및 분포 : 우리나라 남해와 동해의 연안 바위 주변에서 단독으로 생활하며, 먹이로는 작은 동물이나 조개류 등을 좋아한다.

청복

몸이 뚱뚱해 휴식이 필요한 청복

Order Tetraodontiformes 복어목
Family Tetraodontidae 참복과
Canthigaster rivulata (Temminck and Schlegel, 1850) 청복
영명 : Scribbled toby

특징 : 푸른 눈을 가진 『청복』은 해조류나 산호초의 폴립 위에 가만히 앉아서 휴식을 취하는 모습을 종종 보이곤 한다. 스쿠버다이버들은 근처로 다가갔다가 그들의 휴식을 방해하는 것은 아닌가 하여 염려되어 방향을 틀곤 한다.

형태 : 몸은 곤봉형으로 배 부분이 볼록하게 쳐져 있어 전체적으로 뚱뚱해 보인다. 꼬리지느러미 뒤 가장자리는 약간 둥글게 나와 있으며, 몸 빛깔은 등 부분이 회갈색, 배 부분은 회색을 보이고 몸과 지느러미에는 황록색과 파란색의 줄무늬가 불규칙적으로 배열되어 있다. 또한 몸 중앙 부위에는 비교적 굵은 노란색 무늬가 뻗어 있으며 이 줄무늬에는 연한색의 점들이 흩어져 있다. 몸길이는 약 15cm 정도다.

생태 및 분포 : 우리나라 제주도를 포함한 남해안 수심 30m 미만의 산호와 바위 주변에서 생활하며 식성은 잡식성으로 해조류와 조개류 등을 좋아한다.

복섬

숙취 해소 친구 복섬

Order Tetraodontiformes 복어목
Family Tetraodontidae 참복과
Takifugu niphobles (Jordan and Snyder, 1901) 복섬
영명 : Grass puffer

특징 : '복어류' 물고기들은 생김새와는 달리 행동이 민첩하지 못하기 때문에 다른 큰 물고기들의 공격을 받기 쉽다. 위협을 느끼면 나름대로의 공격 및 방어 형태로 가시를 세우거나 몸을 부풀려서 덩치를 크게 하여 공격자들을 놀라게 해서 잡아먹지 못하게 한다. 하지만 이에 여의치 않다고 판단될 때는 유난히 작은 지느러미들을 파닥거리면 도망가는 모습이 귀엽기 그지없다. 특히나 눈망울들은 왜 그렇게도 큰 건지...... 이 중에서 『복섬』은 우리들의 식탁에서 흔히 만날 수 있는 종은 아니지만 통영시의 복국요리점에서는 냉동복과 구분하여 나름대로의 인기를 가진 복이다.

아버지들의 숙취를 위해 희생되고, 아가씨들의 피부 미용을 위해 희생되는 놈이지만 독이 매우 강하여 조리할 때 조심하지 않으면 생명을

앗아가는 종이다.

이러한 『복섬』을 유난히 싫어하는 사람들은 오늘날의 강태공을 꿈꾸는 낚시꾼들이다. 낚싯대에 미끼를 끼워 던지면 연신 입질이 시작되지만 자그마한 『복섬』이 미끼를 뜯어 먹는 것이기 때문에 이들을 유인하기 위한 미끼를 따로 멀리 던져줘야 하기도 한다. 『복섬』은 '복어류' 물고기의 전형적인 모습으로 껍질과 고기 그리고 내장에 '테트로도톡신'이란 맹독 성분을 가지고 있어 공격자들에게 치명적일 수 있다. 이러한 독성(毒性)은 스스로 만들어 지는 것은 아니며, 독성 박테리아를 포함하고 있는 먹이를 포식함으로써 독성을 가진다고 한다.

난소와 간장에 강한 독성이 있으며, 또한 근육과 정소에도 약한 독성이 있는 물고기로서 복국 재료로 쓰이는 『복섬』은 보통 15cm 전후의 소형 『복섬』이다.

형태 : 『복섬』의 머리 부분과 꼬리 부분은 작고, 몸 부분은 계란형으로 주둥이는 길지만 뭉툭한 것이 특징이다. 등과 배 부분에는 비늘이 변형된 작은 가시들이 돋아 있어 거칠고 몸 빛깔은 청록색 바탕에 흰색 점들이 흩어져 있다. 가슴지느러미 뒤와 등지느러미 아래에는 검은 반점이 존재하며, 등지느러미와 뒷지느러미는 흰색, 가슴지느러미와 꼬리지느러미는 노란색을 띤다. 몸길이는 약 25cm 정도다.

생태 및 분포 : 우리나라 전 연안 또는 기수역에서 주로 생활하며, 먹이에 대한 탐식성이 강하여 낮에 활발히 먹이를 찾아 먹지만 밤이 되면 모래 속에 들어가 휴식을 취한다.

가시복

고슴도치를 닮은 가시복

Order Tetraodontiformes 복어목
Family Diodontidae 가시복과
Diodon holocanthus Linnaeus, 1758 가시복
영명 : Balloonfish

특징 : 물속에서 만나는 『가시복』은 큰 눈망울이 매우 착해 보이는 물고기다. 그래서 다가가게 되면 『가시복』의 변신하는 모습에 놀라지 않을 수 없다. 몸 전체를 덮고 있는 가시를 곧추 세우고 입 속에 물을 머금어 몸을 부풀려서 그 형태가 밤송이가 된다. 이는 물속에서 위협을 느꼈을 때에 나타나는 『가시복』만이 가진 방어기작으로 다른 복어들과는 달리 독성(毒性)이 없기 때문에 지금의 형태로 진화한 것이다. 독성이 없다보니 언제든지 식용이 가능하며 특이한 체형 및 특성 때문에 인기가 많다. 정약전의 《자산어보(玆山魚譜)》에서도 고슴도치를 닮은 물고기로 소개되어 있다.

『가시복』은 부풀어진채로는 빨리 도망갈 수 없기 때문에 마치 물속에서 공이나 풍선을 가지고 놀듯이 장난을 치기도 한다. 하지만 『가시복』이 몸을 부풀리기 위해서는 엄청난 에너지가 소모되고 스트레스가 상당하기 때문에 수중에서 귀엽다고 지나친 장난은 삼가야 할 것이다. 동남아 지역의 여행지에서는 『가시복』을 잡아서 배를 부풀려 만든 박제(剝製)를 관광 삼품으로 판매하고 있다.

형태 : 꼬리 부분을 제외한 몸 전체에 비늘이 변형된 긴 가시들이 일정한 간격으로 돋아 있다. 몸 빛깔은 흑갈색을 보이며 배 쪽은 연하고 가슴지느러미 뒤쪽과 등지느러미 앞 에는 흑갈색의 큰 반점이 있다. 몸길이는 최대 40cm다.

생태 및 분포 : 난류(暖流)의 영향을 받는 남해안과 제주도의 해조류와 바위가 많은 지역에서 생활한다.

참고문헌

김용억, 명정구, 김영섭, 한경호, 강충배, 김진구. 2001. 한국해산어류도감. 도서출판 한글, 부산. 382pp.

김익수, 최윤, 이충열, 이영주, 김병직, 김지현. 2005. 한국어류대도감. 교학사, 서울. 615pp.

명정구, 김병일, 이선명, 전길봉. 2002. 우리바다 어류도감. 다락원, 서울. 287pp.

박수현. 2006. 재미있는 바다 생물 이야기. 추수밭, 서울. 509pp.

윤창호. 2002. 한국어류검색도감. 아카데미서적, 서울. 747pp.

국문(색인)

영문(색인)

S

U

Z

한국의 연안어류

초판 1쇄 인쇄일 2013년 3월 10일
초판 1쇄 발행일 2013년 3월 20일

공 저 황철희 · 남윤주 · 김진구 · 명정구
편집자 주 성 필

발행자 주 희 완
발행처 **아카데미서적**

서울특별시 강남구 논현동 117-2
Tel 516-3131 Fax 542-9254
E-mail: aca97@hanmail. net

Homepage: http://www.academybook.co.kr

* 파본은 교환해 드립니다.

값 25,000원

ISBN 978-89-7610-482-7 (96490)